从零到一学
PPT

WEEK WEEK UP! 一周进步编辑部 主编　珞珈　汪沛　编著

电子工业出版社·
Publishing House of Electronics Industry
北京·BEIJING

内 容 简 介

为了满足初学者的学习需求，本书从基本的软件操作内容讲起，进而延伸到素材搜索方法、版面设计方法、动画添加技巧、模板使用指南及 PPT 插件功能讲解。为了使本书的内容更加实用，作者对本书的知识点进行了精心筛选，让广大需要提高 PPT 制作效率的读者能够尽快上手。

本书赠送每章的配套学习视频，并附赠工作型 PPT 模板大礼包。如何获取以上资料？可以在微信公众号搜索"一周进步"，关注公众号后回复关键词"从零到一学 PPT"，按提示获取。

本书旨在帮助从未系统学习过 PPT 的读者快速掌握 PPT 的操作和技巧，衷心希望本书能够成为读者在办公软件学习路上的"领路人"。

图书在版编目（CIP）数据

从零到一学 PPT / 一周进步编辑部主编；珞珈，汪沛编著. —北京：电子工业出版社，2022.4

（从零到一学 Office 系列）

ISBN 978-7-121-43086-2

Ⅰ．①从… Ⅱ．①一… ②珞… ③汪… Ⅲ．①图形软件 Ⅳ．① TP391.412

中国版本图书馆 CIP 数据核字（2022）第 041132 号

责任编辑：张慧敏

文字编辑：戴　新

印　　刷：三河市君旺印务有限公司

装　　订：三河市君旺印务有限公司

出版发行：电子工业出版社

　　　　　北京市海淀区万寿路 173 信箱　　邮编：100036

开　　本：880×1230　　1/32　　印张：6.875　　字数：242 千字

版　　次：2022 年 4 月第 1 版

印　　次：2025 年 2 月第 4 次印刷

定　　价：69.00 元

凡所购买电子工业出版社图书有缺损问题，请向购买书店调换。若书店售缺，请与本社发行部联系，联系及邮购电话：（010）88254888，88258888。

质量投诉请发邮件至 zlts@phei.com.cn，盗版侵权举报请发邮件至 dbqq@phei.com.cn。

本书咨询联系方式：（010）51260888-819，faq@phei.com.cn。

丛书序

从创业开始，到今天第一套丛书出版，我们用了 5 年时间。

2016 年，微课兴起，我也很想参与进来，于是我在大学图书馆注册了一个微信公众号。在选择公众号名称时，我犹豫了很久，不知道是选择"周进步微课"，还是选择"一周进步人"。那时在实习阶段，公司领导和我说过一句话——公司名字取得抽象一点，能够"活"得久一点，于是我选择了"一周进步"这个名称。

为了运营这个微信公众号，我们几个大学生每天早上 5 点钟爬起来写文章，只是为了完成我们早上 7 点半必须发文的目标；还有一周一次的免费微课，我们整整坚持了两年时间，在此期间，我们还建立了免费的 Office 交流社群、免费的 Office 训练营。

5 年时间，我们撰写了超过 1000 篇优质 Office 图文干货，拍摄了超过 300 集 Office 教学视频，录制了超过 1000 小时的 Office 系统教学课程。

截至 2021 年 12 月，关注"一周进步"的用户在全网已经超过了 800 万人，你可以在任何新媒体上搜索"一周进步"关注我们，包括但不限于微信公众号、B 站、小红书、抖音、微博。我们的免费视频教程在 B 站的播放量已经超过 500 万次，还有超过 20 万名学员学习了我们的 Office 付费课程。

今天，我们终于可以大声告诉各位我们的初心——"一周进步"是一个垂直于 Office 教学的内容教育品牌，我们致力于改变大家对 Office 软件的看法，帮助大家通过 Office 来建立自己的职场竞争力。

我们发现，除了线上课程、图文干货、短视频，图书也能够更好地承载知识，所以，从 2021 年上半年开始，我们全力筹备撰写这套丛书——《从零到一学 Word》《从零到一学 Excel》《从零到一学 PPT》。

"从零到一"是一份责任，代表我们会帮助每一位 Office 小白，从零开始一步一步学会 Office 的操作，掌握职场高效工作技巧。

"从零到一"是一种象征，代表我们从零开始创业，一步一步做出今天的成绩。

"一"也代表一周进步的"一"，告诉我们，一路前行，有始有终，不忘初心。

"从零到一学 Office 系列"丛书终于要正式出版了。在这里，我们要特别感谢周瑜、大梦、柳绿、桃红、张博、丽诗等一周进步早期创始团队成员，感谢你们，让一颗小小的种子发芽壮大。

同时，特别感谢为本书出版立下汗马功劳的本书编写组成员张耀嘉、丽泽、蔡蔡三位小伙伴，没有你们，这套丛书也不会这么快和大家见面。

最后，还要感谢本书的读者，感谢你对我们的信任，购买并且阅读了本书，能够让我们有机会走到你的身边，我们也会不辜负你的期望。

珞珈

一周进步创始人　PPT 审美教练

前言

为什么要写这本书

PPT 是大多数职场人都会用到的软件。然而，能用好 PPT 的人却只有一小部分。可能很多人有疑惑，觉得 PPT 软件没有必要系统学习，甚至觉得无非就是把文档中的文字复制到 PPT 中而已。但是，这样的 PPT 没有任何吸引人的地方。

PPT 软件的存在必有它的价值。比如，在工作汇报中能够更有逻辑地表达汇报人的观点，或者在比赛、竞赛中更加清晰地亮出自己的优势，这些都是建立在系统且正确使用 PPT 的基础之上。

因此，为了帮助更多人领略 PPT 的魅力，更有效率地处理工作中在 PPT 方面所遇到的问题，我们编写了本书。

本书最大的特点是从实用与设计的角度出发，通过大量的 PPT 案例帮助读者理解并学会如何更有效率地制作 PPT。相信读完本书，能让读者在工作中提升 PPT 操作效率，轻松制作出美观且清晰的 PPT 页面。

本书内容几乎涵盖了职场人需要学习的 PPT 知识，并且知识讲解从易到难，相信通过阅读本书，读者能够轻松学会使用 PPT，并在工作中灵活运用它。

本书适合谁

因为不熟悉 PPT 操作导致经常加班的职场人士、想要学习新技能并在学校活动中表现自我的学生"小白"，以及对 PPT

一窍不通却又想系统学习 PPT 的读者，都非常适合阅读本书。

本书讲了什么

第 1、2 章讲解 PPT 软件的常用功能操作及提高制作效率的软件设置方法。

第 3~ 第 6 章是本书的进阶部分，讲解 PPT 中高质量素材的快速获取方法，并通过大量案例介绍关于 PPT 设计方面的理论和技巧、动画方面的基本应用，以及高效套用 PPT 模板的方法。

第 7 章介绍 PPT 的插件，讲解在 PPT 中使用插件的方法，提高制作 PPT 的效率。

本书附赠配套资料

- 17 节视频课程；
- 100+ 工作型 PPT 演示模板；
- 200+ 无版权、可商用的素材。

以上资源，你可以通过关注微信公众号"一周进步"，在对话框中回复关键词"从零到一学 PPT"，即可联系客服领取这份厚重的大礼包。

如果读者看完本书后对 PPT 还有疑问，欢迎在微信公众号"一周进步"中与作者进行更多的沟通和交流。

最后，特别感谢在本书编写过程中提供支持与帮助的泰花、丽泽、耀嘉等人。

由于时间仓促，书中难免有疏漏和不妥之处，恳请广大读者批评、指正。

作者邮箱：denglize@oneweek.me

作　者

目录

077　第 4 章　美化篇：演示之美，设计之道

第1章

入门篇：迈出 PPT 学习的第一步

1.1 第一次打开 PPT，我需要做些什么

对于很多刚开始学习 PPT 的新手来说，如果对软件本身没有进行全面、系统的了解，就很容易在后续的深入学习中遇到很多难以解决的问题。本书从软件的基础知识开始介绍，帮助读者打好学习 PPT 的基础，使读者在学习 PPT 的过程中少走弯路。

1.1.1 选择适合自己的 PPT 版本

了解 Office 软件版本的历史演变，可以帮助读者更加清楚地知道究竟哪个 PPT 版本才是适合自己的。

1. Office 2003

Office 2003 是最经典的 Office 版本，具备 PPT 的基本编辑与演示功能。如果对 PPT 的画面与演示效果要求不高，那么使用这个版本就能满足工作需要。

2. Office 2007

Office 2007 优化了用户界面，新增了 SmartArt 工具，可以帮助用户快速排版与制作流程图。

3. Office 2010

相较之前的版本，Office 2010 在界面视觉优化上更加成熟，不仅提供更加丰富的 SmartArt 模板、PPT 动画效果，还支持在 PPT 里嵌入和导出视频，以及用户在与他人共享 PPT 时无须附带单独的视频文件。

4. Office 2013

Office 2013 的用户界面更加简约和现代化，提供了多种模板和主题样式，并增加了演示者视角功能，方便用户在放映模式下从监视器上查看备注的笔记内容，是一个非常人性化的功能改进。

5. Office 2016

Office 2016 的用户界面相较上一个版本的用户界面优化了更多细节，增加了搜索框功能，用户可以直接输入名称进行调用，还增加了屏幕录制功能，并支持导出 1080P 的高清视频与插入矢量图片。

6. Office 2019

Office 2019 仅支持在 Windows 10 平台上运行。和上一个版本相比，用户界面没有太多变化，只是提升了软件操作的流畅度。在功能方面主要增加了平滑

动画、3D 模型嵌入和 Gif 导出功能，同时还支持导出 4K 视频。

7. Microsoft 365

微软官方将其命名为 Microsoft 365。它是一款能够实时更新的 Office 版本，同时具有客户端和网页端，能够实现多人协同与多平台共享。相较 Office 2019 版本，Microsoft 365 增加了图片透明度与设计灵感功能。想要使用这个版本的 PPT，需要注册微软账户并按年度付费购买，才能激活使用。

如今，微软官方已经停止对 Office 2010 及之前版本的软件维护，这意味着这些版本一旦出现 Bug，可能就没办法解决。所以，建议读者在日常工作和学习中使用 Office 2013 或更高版本。

本书主要围绕 Microsoft 365 版本进行深入讲解，同时也会在文中提及其他版本的 Office。

💡 **小贴士**

如何知道你当前使用的 PPT 是哪个版本的 Office？

在【文件】选项卡中单击【账户】选项，即可在打开的窗口中看到当前 Office 版本的信息，如图 1-1 所示。

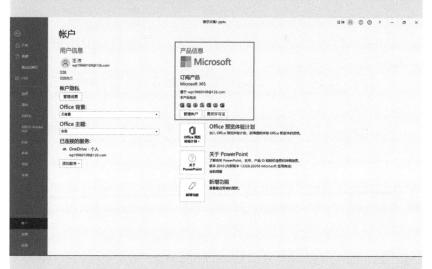

图 1-1

1.1.2 认识 PPT 操作界面

第一次打开 PPT，用户看到陌生的界面可能无从下手。下面笔者从整体的角度来介绍一下 PPT 的界面布局及其作用，如图 1-2 所示。

图 1-2

1. 快速访问工具栏

快速访问工具栏的位置在软件界面的左上方。它的主要作用是让用户方便、快捷地使用常用的功能键。用户也可以根据自己的使用习惯对快速访问工具栏进行自定义设置。有关快速访问工具栏的内容，会在第 2.2.3 节中详细介绍。

2. 功能区

功能区是编辑 PPT 不可缺少的一个功能板块。在功能区里有多个选项卡，编辑 PPT 时用到的功能都在此处。

★ **小技巧**

当不需要使用功能区进行编辑时，可以单击功能区右下角的小三角形按钮或按快捷键【Ctrl+F1】将其折叠，效果如图 1-3 所示。

图 1-3

3. 大纲视图区

在大纲视图区中可以预览当前 PPT 的幻灯片缩略图，方便用户在非放映状态下直观地了解当前 PPT 的内容。

 小技巧

想要变换幻灯片的顺序，在大纲视图区中直接拖动幻灯片到理想位置即可。

4. 编辑区

在幻灯片放映状态下所展示的区域就是编辑区。在编辑区内，可以进行文本输入、图形绘制、图片插入等操作。

5. 属性设置区

属性设置区的作用是对编辑区中被选中的元素进行调整。通常会用它来对当前编辑区中的内容进行图层顺序调整、格式设置或动画调整等操作。

小贴士

每次打开 PPT 软件时，属性设置区都会处于隐藏状态。

★ 小技巧

如果软件界面中没有属性设置区，用户怎样才能找到它呢？

用户可以根据自己想要使用的功能，分别打开属性设置区里的3个功能窗口。

- 在编辑区右击，在弹出的快捷菜单中选择【设置背景格式】选项，如图 1-4 所示，打开【设置背景格式】窗格。

- 在【开始】选项卡中单击【选择】下拉按钮，在弹出的下拉列表中选择【选择窗格】选项，如图 1-5 所示，打开【选择】窗格。

图 1-4　　　　　　　　图 1-5

- 在【动画】选项卡中单击【动画窗格】按钮，如图 1-6 所示，打开【动画】窗格。

图 1-6

6. 状态栏

状态栏所处的位置在软件界面的最下方。用户能够在状态栏中看到当前 PPT 页数、PPT 所使用的语言及 PPT 编辑过程中的其他基本信息等。

💡 **小贴士**

在进行 PPT 演示时，可以通过单击状态栏中的【幻灯片放映】按钮来播放 PPT，如图 1-7 所示。

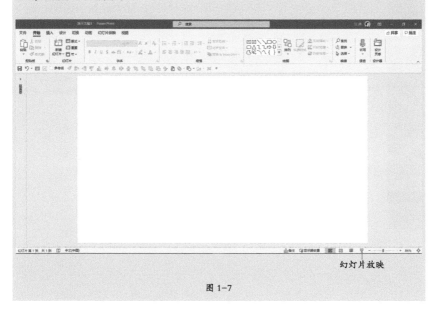

幻灯片放映

图 1-7

1.1.3 做好 PPT 的四大初始化设置

1．Office 界面个性化设置

如果觉得 PPT 的界面外观太普通，则可以在 Office 软件提供的主题和背景中根据自己的喜好进行自定义设置。

只需要在【文件】选项卡中选择【账户】选项，就能够对【Office 背景】与【Office 主题】进行个性化设置，如图 1-8 所示。

2．不压缩文件中的图像

把图片插入到 PPT 中后，如果直接放大图片，就会发现图片特别模糊，原因在于，PPT 软件会默认将图片的分辨率进行压缩，目的是通过降低图片质量来减小文件的大小。

但是有时候，用户希望 PPT 中的图片都保持原来的清晰度，这就需要在PPT 里进行设置。

用户只需要在【文件】选项卡中选择【选项】选项，然后在弹出的窗口中选择【高级】选项，勾选【不压缩文件中的图像】复选框，就能让图片在 PPT 中保持原有的分辨率，如图 1-9 所示。

图 1-8

图 1-9

3. 让撤销次数变得更多

PPT 中默认的撤销次数是 20 次，对于大多数人来说是不够用的。

想要让撤销次数变得更多，只需要在【文件】选项卡中选择【选项】选项，然后在弹出的窗口中选择【高级】选项，在【最多可取消操作数】数值框中输入一个更大的数值，如图 1-10 所示。

图 1-10

【最多可取消操作数】数值框中的最大数值是 150，也就是说最多能撤销150 次。

4. 取消自动显示设计灵感

对于使用 Microsoft 365 版本的用户来说，每次新插入图片，都会在软件界面的右侧弹出【设计理念】窗口。如果电脑本身运行不畅，那么就会影响工作效率。

用户可以在【文件】选项卡中选择【选项】选项，然后在弹出的窗口中选择【常规】选项，取消勾选【自动显示设计灵感】复选框即可，如图 1-11 所示。

图 1-11

1.2　PPT 功能一览，无障碍上手软件操作

很多初学者在做 PPT 设计时，往往只知道在编辑区里编辑文字，把 PPT 当成了 Word，殊不知 PPT 软件除有文字编辑功能外，还有很多功能。本节将为读者介绍 PPT 的基本操作。

1.2.1　快速新建页面，一键选择版式

想要快速新建幻灯片页面，按【Enter】键就能立刻实现。每次在新建幻灯片页面时，如果不需要编辑区中的占位符，就得手动删除。

如果希望每次新建幻灯片页面时不出现占位符，可以选中当前幻灯片页面，然后单击【开始】选项卡中的【版式】下拉按钮，在打开的下拉列表中选择【空白】选项，如图 1-12 所示。

图 1-12

★ 小技巧

有没有办法将【版式】里带占位符的版式完全删掉？

当然有！在【视图】选项卡中单击【幻灯片母版】按钮，切换到幻灯片母版视图，然后在有占位符的幻灯片页面上右击，在弹出的快捷菜单中选择【删除版式】选项即可，如图1-13所示。这里需要注意的是，如果当前要删除的幻灯片页面上有元素存在，就不能在母版里删除。

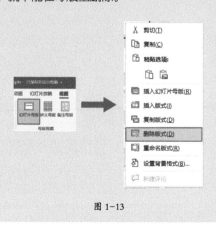

图 1-13

1.2.2　玩转文字与文本框

在新建的幻灯片页面上输入文字，除直接使用【版式】里面的占位符版式外，还可以通过插入文本框的方式来输入文字。

输入横排文字的方法很简单，在【插入】选项卡中单击【文本框】下拉按钮，在弹出的下拉列表中选择【绘制横排文本框】选项，如图1-14所示，然后单击编辑区中的空白区域，这时就会出现一个可以输入文字的文本框。

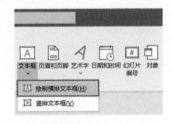

图 1-14

要输入竖排的文字，在【文本框】下拉列表中选择【竖排文本框】选项即可。

★ 小技巧

想把横排的文本框转换成竖排的文本框，有没有办法？

当然有！选中需要转换的文本框，在【开始】选项卡中单击【文字方向】下拉按钮，然后在弹出的下拉列表中选择【竖排】选项就能实现，如图 1-15 所示。

图 1-15

1.2.3　花式换背景，自定义幻灯片页面的背景格式

幻灯片的背景颜色默认为纯白色，用户也可以根据实际情况自定义幻灯片的背景颜色。在【设计】选项卡中单击【设置背景格式】按钮，就能够在弹出的【设置背景格式】窗格中随心所欲地调整幻灯片的背景颜色，如图 1-16 所示。

❶ 单击【设置背景格式】按钮

❷ 弹出【设置背景格式】窗格

图 1-16

在【设置背景格式】窗格中，幻灯片背景的填充方式有以下 4 种。

1. 纯色填充

纯色填充也就是单色填充。要更换幻灯片的背景颜色，先选中【纯色填充】单选按钮，然后单击【颜色】下拉按钮，在打开的颜色面板中选择合适的颜色即可，例如深灰色，如图 1-17 所示。

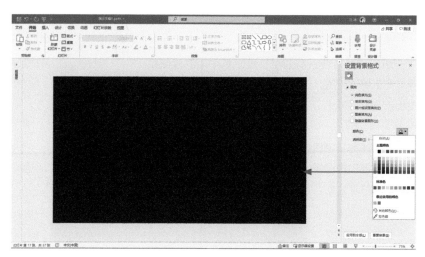

图 1-17

2. 渐变填充

用户可以先选中【渐变填充】单选按钮，然后单击【预设渐变】下拉按钮，在弹出的渐变颜色面板中设置幻灯片的背景渐变效果，如图 1-18 所示。

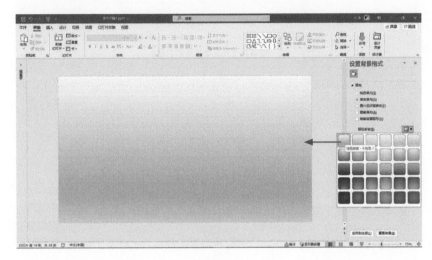

图 1-18

如果用户觉得【预设渐变】颜色面板里的样式不能满足设计要求，那么也可以调整【类型】、【方向】、【角度】、【渐变光圈】等参数进行个性化设置，如图 1-19 所示。

3. 图片或纹理填充

想让幻灯片背景有质感，可以选中【图片或纹理填充】单选按钮，然后单击【纹理】下拉按钮，在弹出的面板中提供了几个预设纹理供用户选择，如图 1-20 所示。

如果不想用预设效果，也可以单击【插入】按钮，在弹出的窗口中选择【来自文件】选项，就可以将文件中的图片插入到幻灯片中作为背景，如图 1-21 所示。

图 1-19

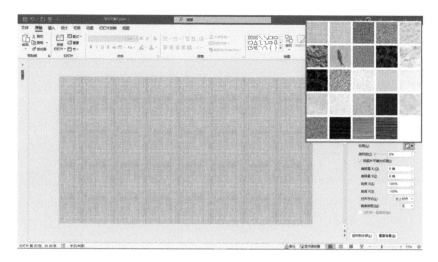

图 1-20

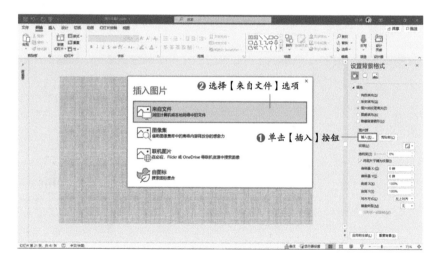

图 1-21

4. 图案填充

图案填充的选项里提供了 48 种图案类型，用户可以任意挑选其中的一个样式应用到幻灯片背景中，如图 1-22 所示。

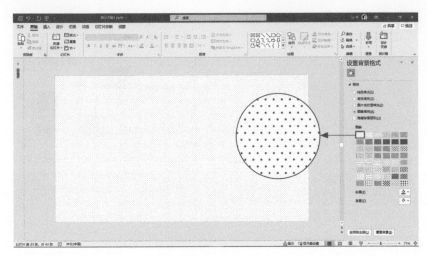

图 1-22

预设的图案样式并不适合直接使用，用户可以通过【前景色】和【背景色】两个选项修改图案样式的颜色，如图 1-23 所示。

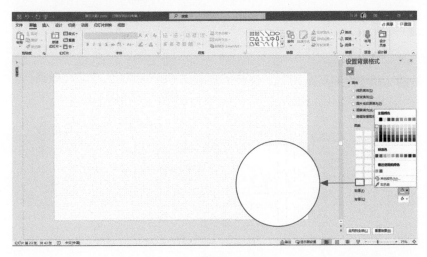

图 1-23

1.2.4 填充 + 描边，了解形状的设置原理

直接在 PPT 中插入一个绘图形状，会默认设置成蓝色填充与蓝色描边的样式。用户也可以进行自定义修改，只需要右击绘图形状，然后在弹出的快捷菜单

中选择【填充】或【边框】选项即可进行修改，如图 1-24 所示。

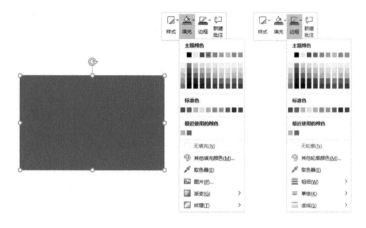

图 1-24

★ 小技巧

怎样把刚刚插入的矩形变成其他绘图形状？

选中矩形，在【形状格式】选项卡中单击【编辑形状】下拉按钮，然后在打开的下拉列表中选择【更改形状】选项，在打开的面板中选择要替换的绘图形状即可，如图 1-25 所示。

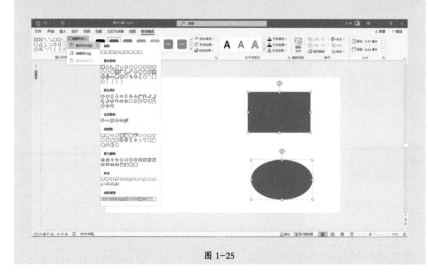

图 1-25

1.2.5 开启动画大门：切换功能和动画功能

PPT 中的动画功能有两大类型，分别为切换与动画。切换功能应用在幻灯片页面之间，动画功能应用在当前幻灯片中的元素上。

1. 切换

在【切换】选项卡中提供了多种幻灯片的切换效果，如图 1-26 所示。

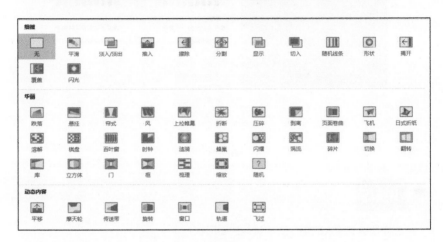

图 1-26

💡 **小贴士**

- 在【效果选项】下拉菜单中，选择相应选项可以对当前应用的切换效果进行样式修改。

- 在【持续时间】数值框中输入一个数值，可以调整幻灯片切换效果的播放时间。

⭐ **小技巧**

每次都要手动切换幻灯片，有没有办法让幻灯片页面自动切换呢？

当然有！选择任意一个切换效果，然后取消勾选【单击鼠标时】复选框，勾选【设置自动换片时间】复选框并在后面的数值框中输入指定数值，就能让当前幻灯片页面按指定时间自动切换，如图 1-27 所示。

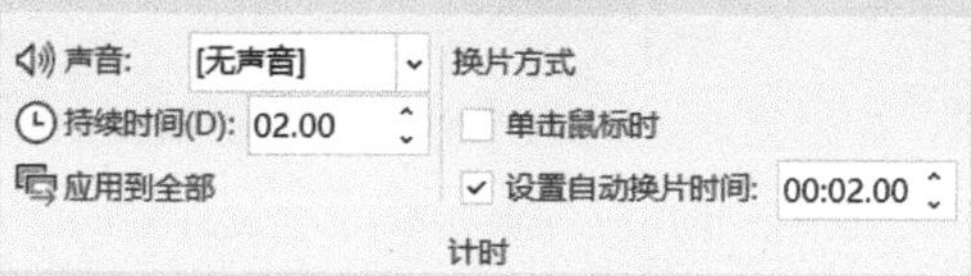

图 1-27

2. 动画

未选中元素时，是没有办法在【动画】选项卡中进行动画设置的。

选中需要添加动画的元素，再选择相应的动画按钮，就可以将动画样式应用到当前选中的元素上，如图 1-28 所示。

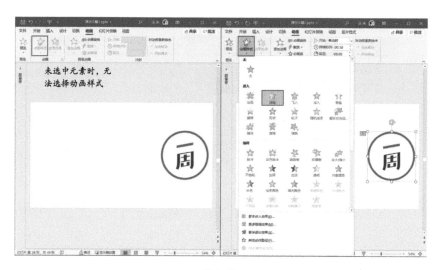

图 1-28

💡 **小贴士**

给元素添加动画属性后，可以在元素的左上角看到一个有矩形边框的数字标识。更多有关切换和动画的内容，将会在第 5 章中详细讲解。

1.3 大型"格式工厂"：PPT 能打开 / 保存为哪些文件格式

PPT 是一个办公软件，也是一个可以兼容多种文件格式的容器。很多看似不可能兼容的文件格式，都能在 PPT 里面打开。本节将介绍 PPT 能够与哪些格式的文件兼容。

1.3.1 PPT 能够打开哪些格式的文件

从 Office 2007 版本开始，PPT 软件能够打开的文件格式比之前的版本多了扩展名为 .pptx、.ppsx、.potx 的这三种，这意味着能够兼容更多渐变、图形与动画效果。

笔者总结了 PPT 软件能够打开的文件格式，如表 1-1 所示。

表 1-1

文件格式	扩展名
PowerPoint 1997—2003 演示文稿	*.ppt
启用宏的 PowerPoint 演示文稿	*.pptm
PowerPoint 演示文稿	*.pptx
PowerPoint 1997—2003 放映	*.pps
启用宏的 PowerPoint 放映	*.ppsm
PowerPoint 放映	*.ppsx
PowerPoint 1997—2003 模板	*.pot
PowerPoint 启用宏的模板	*.potm
PowerPoint 模板	*.potx

💡 **小贴士**

在日常工作中，我们常用到的 PPT 文件格式的扩展名为 .ppt 与 .pptx。

1.3.2 PPT 能够输出哪些文件格式

结合所有版本的 Office 软件，PPT 的版本越高，能够输出的文件格式就越多。以 Microsoft 365 为例，一共能够输出 31 种文件格式，如表 1-2 所示。

表 1-2

文件格式	扩展名
PowerPoint 演示文稿	*.pptx
启用宏的 PowerPoint 演示文稿	*.pptm
PowerPoint 1997—2003 演示文稿	*.ppt
PDF 便携式文档	*.pdf
XML 文件规格书	*.xps
PowerPoint 设计模板	*.potx
PowerPoint 启用宏的设计模板	*.potm
PowerPoint 1997—2003 设计模板	*.pot
Office 主题	*.thmx
PowerPoint 放映	*.ppsx
启用宏的 PowerPoint 放映	*.ppsm
PowerPoint 1997—2003 放映	*.pps
PowerPoint 加载项	*.ppam
PowerPoint 1997—2003 加载项	*.ppa
PowerPoint XML 演示文稿	*.xml
MPEG-4 视频	*.mp4
Windows Media 视频	*.wmv
图形交换格式	*.gif
JPEG 文件交换格式	*.jpg
可移植网络图形	*.png
TIFF 标记图像文件	*.tif
Windows 位图	*.bmp
Windows 图元文件	*.wmf
Windows 增强型图元文件	*.emf
可缩放的向量图形	*.svg
大纲 /RTF	*.rtf
PowerPoint 图片演示文稿	*.pptx
Strict Open XML 演示文稿	*.pptx
OpenDocument 演示文稿	*.odp
单个文件网页	*.mht、*.mhtml
网页	*.htm、*.html

💡 小贴士

表 1-2 中所列的文件格式在日常工作中读者不会全部接触到，读者只需要知道 PPT 能输出的文件格式有 *.pptx、*.ppt、*.pdf、*.mp4、*.jpg、*.png 这 6 种即可。

1.3.3 PPT 中能够插入哪些格式的素材

在 PPT 软件中插入的素材可以分为视频、音频、图像 3 种。以 Microsoft 365 为例，PPT 中能够插入的素材格式如表 1-3 所示。

表 1-3

素材类型	素材格式	扩展名
视频	Windows 视频文件（某些 .asf、.avi 文件可能需要其他编解码器）	*.asf、*.avi、*.wmv
	MP4 视频文件	*.mp4、*.m4v、*.mov
	电影文件	*.mpg、*.mpeg
音频	AIFF 音频文件	*.aiff
	AU 音频文件	*.au
	MIDI 文件	*.mid 或 *.midi
	MP3 音频文件	*.mp3
	高级音频编码—MPEG-4 音频文件	*.m4a、*.mp4
	Windows 音频文件	*.wav
	Windows Media 音频文件	*.wma
图像	Windows 增强型图元文件	*.emf
	Windows 图元文件	*.wmf
	JPEG 文件交换格式	*.jpg、*.jpeg、*.jfif、*.jpe
	可移植网格图形	*.png
	Windows 位图	*.bmp、*.dib、*.rle
	图形交换格式	*.gif
	压缩式 Windows 增强型图元文件	*.emz
	压缩式 Windows 图元文件	*.wmz
	Tag 图像文件格式	*.tif、*.tiff
	可缩放的向量图形	*.svg
	图标	*.ico

第 2 章

效率篇：准点下班的 PPT 秘诀

2.1 PPT 快捷键宝典，快速扫清操作障碍

有时候明明知道 PPT 能够实现某个特定功能，但就是在功能区里找不到，浪费了大量时间，工作效率低。记住这些功能的快捷键，这些问题就能轻松解决。

2.1.1 轻松掌握 PPT 的常用快捷键

学会使用快捷键，做 PPT 的效率就会比别人高。在 PPT 中，很多功能操作都是可以通过快捷键来高效完成的。笔者根据日常使用 PPT 的习惯，为读者总结了两个常用的快捷键表格。

编辑状态下的常用快捷键如表 2-1 所示。

表 2-1

快捷键	含义	快捷键	含义
Ctrl+A	选择所有对象	Ctrl+B	文本加粗 / 取消文本加粗
Ctrl+C	复制	Ctrl+D	快速复制对象
Ctrl+E	段落居中对齐	Ctrl+F	打开【查找】对话框
Ctrl+G	组合所选对象	Ctrl+H	打开【替换】对话框
Ctrl+I	文本倾斜 / 取消文本倾斜	Ctrl+J	段落两端对齐
Ctrl+K	插入超链接	Ctrl+L	段落左对齐
Ctrl+M	插入幻灯片	Ctrl+N	创建新 PPT 文件
Ctrl+O	打开 PPT 文件	Ctrl+P	打开【打印】对话框
Ctrl+Q	关闭 PPT 程序	Ctrl+R	段落右对齐
Ctrl+S	保存当前 PPT 文件	Ctrl+T	打开【字体】对话框
Ctrl+U	文本下画线 / 取消文本下画线	Ctrl+V	粘贴
Ctrl+W	关闭当前 PPT 文件	Ctrl+X	剪切
Ctrl+Y	恢复	Ctrl+Z	撤销
Ctrl+F1	展开 / 收起功能区	Ctrl+F2	打印
Ctrl+F4	关闭当前 PPT 文件	Ctrl+F5	联机显示
Ctrl+F6	切换到下一个窗口	Ctrl+F12	打开文件

续表

快捷键	含义	快捷键	含义
Ctrl+Shift+C	复制对象格式	Ctrl+Shift+V	粘贴对象格式
Ctrl+Shift+G	取消组合	Ctrl+Alt+V	打开【选择性粘贴】对话框
Ctrl+]（右方括号）	增大字号	Ctrl+ [（左方括号）	减小字号
Shift+F3	切换字母大小写	Shift+F4	重复最后一次查找
Shift+F5	从当前幻灯片放映	Shift+F9	显示 / 隐藏网格
Shift+F10	打开右键快捷菜单	Alt+F5	演示者视图
Alt+F9	显示或隐藏参考线	Alt+F10	打开【选择】窗格
Alt+Shift+C	复制动画刷	F4	重复最后一次操作
F5	从头开始放映幻灯片	F10	显示功能区标签快捷键
F12	另存为	Esc	结束幻灯片放映

放映状态下的常用快捷键如表 2-2 所示。

表 2-2

快捷键	含义
E	擦除屏幕上的注释
S	停止或重新启动自动幻灯片放映
N、Enter、PageDown、 向右键、向下键、空格键	执行下一个动画或切换到下一张幻灯片
P、PageUp、向左键、向上键、Backspace	执行上一个动画或切换到上一张幻灯片
B、句号（.）	显示黑屏，或者从黑屏返回到幻灯片放映
W、逗号（,）	显示白屏，或者从白屏返回到幻灯片放映
Esc	结束幻灯片放映
Home	定位到第一页
End	定位到最后一页
数字 +Enter	转到指定幻灯片
Alt+F5	在演示者视图中启动幻灯片放映

快捷键	含义
Alt+P	播放或暂停媒体
Alt+U	静音
Alt+ 向上键	提高声音音量
Alt+ 向下键	降低声音音量
Ctrl+A	将指针更改为箭头
Ctrl+E	将指针更改为橡皮擦
Ctrl+H	隐藏指针和导航按钮
Ctrl+L	启动激光笔
Ctrl+P	将指针更改为笔
Shift+F5	从当前幻灯片开始放映幻灯片
F5	从头开始放映幻灯片

更多快捷键操作可以查看官方指南。

2.1.2　组合快捷键，操作永远快人一步

打开 PPT 软件，按【Alt】键或【F10】键，这时功能区每个功能标签下会出现带有灰色矩形框的英文大写字母，如图 2-1 所示。这就是 PPT 的组合快捷键。

在制作幻灯片时使用每个功能标签对应的快捷键，就能实现相应的功能。

图 2-1

熟练使用快捷键，可以比使用鼠标操作更加高效。

2.1.3　【F4】键玩得溜，体力活儿都能全自动

【F4】键在 PPT 软件中的作用是重复最后一次操作，通常有 3 种情况适合使用该键。

1. 等距复制形状

想要让形状等距离排列，无须全部复制出来并手动调整。对当前形状进行复制、粘贴，并调整好粘贴后的形状的位置，然后在选中形状的状态下按【F4】键，粘贴后的形状就会根据前面形状的位置进行等距离排列，如图 2-2 所示。

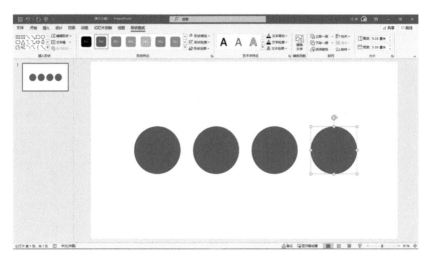

图 2-2

2. 复制文本样式

对文本进行样式调整后，如果想对其他文本设置同样的样式，除直接设置参数进行调整外，还可以选中要调整的文本，然后按【F4】键，将文本样式应用到当前选中的文本上。

3. 复制表格样式

在表格中设置好样式后，可以选中需要处理的其他表格并按【F4】键，即可将上一步操作应用到当前表格中。

2.2 那些年，我总结出的 PPT 高效操作锦囊

学会 PPT 快捷键的使用方法之后，读者就能快速地调用某个特定功能。然而，有些功能被调用之后，还需要进一步设置。如果能用好这些功能，制作 PPT 的效率就会有很大提高。

2.2.1 PPT 设计的两把"刷子"，帮你"刷"出一片天地

想要在 PPT 里重复使用一个样式，手动调整比较麻烦。学会使用格式刷与动画刷，能让这些重复性的操作变得更加高效和快捷。

1. 格式刷

当需要在 PPT 中重复使用某个对象的格式设置时，只要选中当前对象，然后在【开始】选项卡中单击【格式刷】按钮，这时鼠标指针会转换成刷子形状，单击需要应用格式的对象即可应用格式设置，如图 2-3 所示。

图 2-3

★ **小技巧**

单击【格式刷】按钮只能应用一次格式设置效果，能不能多次应用格式设置效果呢？

- 双击【格式刷】按钮，就能将格式效果一直应用到其他对象上。当不再需要使用时，只要单击编辑区的空白区域就能取消格式刷效果。
- 选中对象后按快捷键【Ctrl+Shift+C】就能复制格式，然后选中需要应用格式的对象，按快捷键【Ctrl+Shift+V】就可以粘贴格式。

2. 动画刷

动画刷的使用方法与格式刷的使用方法类似。当需要应用某个元素的动画效

果时，可以选中当前动画对象，然后在【动画】选项卡中单击【动画刷】按钮，这时鼠标指针会转换成刷子形状，单击需要应用动画的对象即可应用动画效果，如图 2-4 所示。

图 2-4

小贴士

在应用动画刷时，会完全覆盖对象本身已经设置好的动画效果。

小技巧

单击【动画刷】按钮只能应用一次动画效果，能不能多次应用动画效果呢？

- 双击【动画刷】按钮，就能将动画效果一直应用到其他对象上。当不再需要使用时，只要按键盘上的【Esc】键或单击编辑区的空白区域就能取消动画刷。
- 选中对象后按快捷键【Alt+Shift+C】，这时鼠标指针会转换成刷子形状，单击需要应用动画效果的对象即可。

2.2.2　网格和参考线，快速进行高质量的排版

每次做 PPT 之前打开网格和参考线，可以帮助用户在制作过程中进行排版。

1. 网格

在【视图】选项卡中勾选【网格线】复选框，就会在编辑区中显示带虚线的网格，如图 2-5 所示。

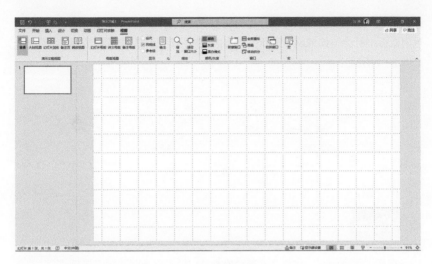

图 2-5

2. 参考线

在【视图】选项卡中勾选【参考线】复选框，就会在编辑区中显示一条垂直参考线与一条水平参考线，如图 2-6 所示。

图 2-6

用户还可以复制更多的参考线来辅助内容对齐，下面提供两种方法。

- 将鼠标指针放在需要复制的参考线上，右击该参考线，在弹出的快捷菜单中选择【添加垂直参考线】选项或【添加水平参考线】选项即可复制一条参考线，如图 2-7 所示。

- 将鼠标指针放在参考线上，按住【Ctrl】键的同时拖曳参考线，即可进行参考线复制，如图 2-8 所示。

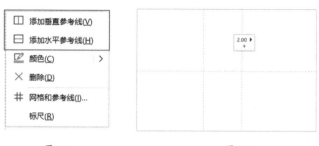

图 2-7　　　　　　　　　　　　　　　　　　　图 2-8

★ 小技巧

　　笔者在日常制作 PPT 时，习惯将复制后的参考线拖曳到编辑区的边界处，给编辑区限定一个安全区域，这样就可以在内容排版时，避免内容超出编辑区的安全范围，从而影响演示效果，如图 2-9 所示。

图 2-9

2.2.3　快速访问工具栏里竟然藏着这些隐藏功能

快速访问工具栏相当于 PPT 功能命令的快捷方式。用户可以将日常使用频率较高的功能命令添加到快速访问工具栏中，以此来提高制作 PPT 的效率。

1. 右击后直接添加

把鼠标指针放在需要添加到快速访问工具栏的功能命令上，右击后在弹出的快捷菜单中选择【添加到快速访问工具栏】选项，即可添加该功能命令，如图 2-10 所示。

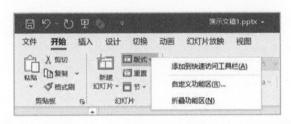

图 2-10

💡 **小贴士**

右击的添加方式虽然快捷，但是无法调整功能命令在快速访问工具栏中的顺序。

2. 通过对话框添加

在【文件】选项卡中选择【选项】命令，在弹出的对话框的左侧选择【快速访问工具栏】，在右侧可以对功能命令进行添加、删除和顺序调整，如图 2-11 所示。

图 2-12 所示为笔者工作时常用的快速访问工具栏。

图 2-11

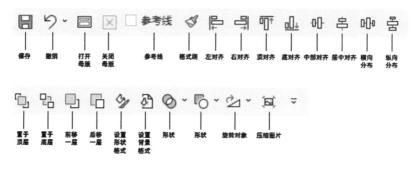

图 2-12

★ **小技巧**

　　在默认情况下，快速访问工具栏位于功能区的上方。用户也可以将它设置在功能区的下方，设置方法是单击快速访问工具栏最右边的小标记，在弹出的菜单中选择【在功能区下方显示】选项，如图 2-13 所示。

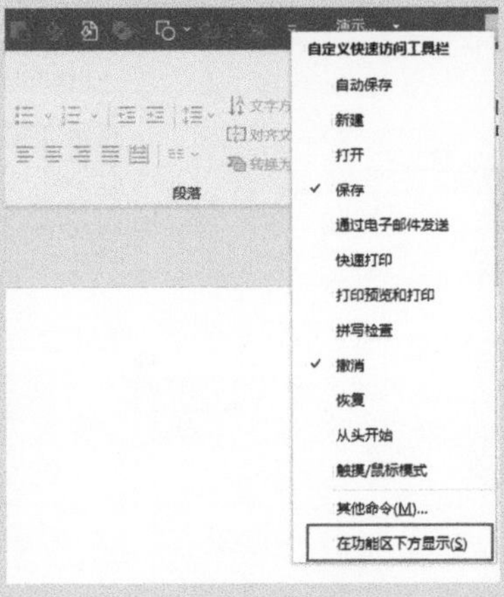

图 2-13

2.2.4 巧用批量操作，准点下班不是梦

在做 PPT 时经常会遇到很多重复性操作，怎样才能快速完成这些操作呢？

1. 批量替换字体

在【开始】选项卡中单击【替换】下拉按钮，在打开的下拉列表中选择【替换字体】选项，即可在弹出的对话框中统一替换字体，如图 2-14 所示。

图 2-14

2. 批量删除动画

有时在 PPT 里添加了很多动画效果，但是可能因为某些原因不得不删除。如果通过【动画】窗格一个一个地删除，操作效率就会非常低。

其实，只要在【幻灯片放映】选项卡中单击【设置幻灯片放映】按钮，然后在弹出的【设置放映方式】对话框中勾选【放映时不加动画】复选框，就可以在放映 PPT 时停止播放动画，如图 2-15 所示。这种设置方法还可以保留所有动画设置。

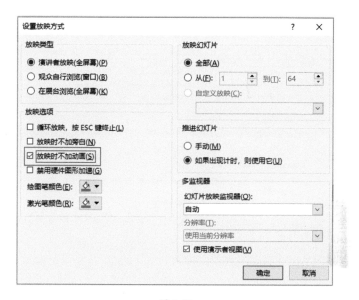

图 2-15

2.3 这些隐藏功能，帮助你规避 PPT 里的大小问题

PPT 里面有一些功能设置可以帮助用户规避在汇报前出现的问题，而这些功能都不能在软件界面上直接找到。本节就为读者介绍这些隐藏的功能。

2.3.1 PPT 里的"后悔药"：自动保存和历史记录

如果用户在制作 PPT 时遇到突发事件，比如电脑死机，这时文件没来得及保存，这种情况下就只能从头再做一遍。完成以下操作，就可以减少这种情况的发生。

1. 设置自动保存时间

在【文件】选项卡中选择【选项】命令，在弹出的对话框的左侧选择【保存】选项，然后在右侧勾选【保存自动恢复信息时间间隔】复选框并设置时间数值，如图 2-16 所示。

图 2-16

如果自动保存时间间隔设置得太短，就会对 PPT 制作过程产生影响。一般使用软件默认设置，10 分钟保存一次即可。

自动保存时间设置好后，还可以指定文件的存放位置。在【文件】选项卡中选择【选项】命令，在弹出的对话框的左侧选择【保存】选项，然后在右侧的【自动恢复文件位置】文本框中输入文件的保存位置即可，如图 2-17 所示。

2. 历史记录

想找之前编辑过的 PPT 文件，但是忘了文件存放的位置，该怎么办呢？这时可以单击【文件】选项卡，选择【打开】命令，在打开的窗口中找到对应的文件，如图 2-18 所示。

图 2-17

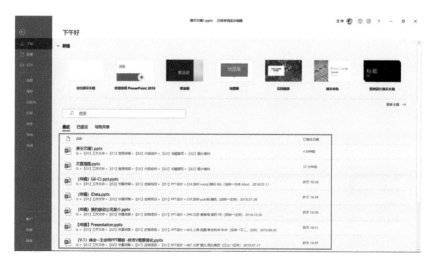

图 2-18

2.3.2 避免字体乱码，一步保存加嵌入

有时在 PPT 中使用一些特殊字体，可以让页面效果更加出彩。然而，用户可能会发现特殊字体明明在自己的电脑上可以正常显示，一旦把 PPT 复制到其他电脑上使用，就会出现字体丢失的现象。

这是因为没有将字体嵌入 PPT 文件中。如何避免这种情况发生呢？

在【文件】选项卡中选择【选项】命令，然后在弹出的对话框的左侧选择【保存】选项，在右侧勾选【将字体嵌入文件】复选框，就可以在保存文件的同时嵌入字体，如图 2-19 所示。

图 2-19

> ### 小贴士
>
> 嵌入字体的方式有两种，如图 2-20 所示。
>
> - 选择【仅嵌入演示文稿中使用的字符（适于减小文件大小）】单选按钮后，能在其他设备上正常显示特殊字体，缺点是再次编辑时无法显示新字符。

- 选择【嵌入所有字符（适于其他人编辑）】单选按钮后，能在其他设备上正常显示与编辑特殊字体，缺点是文件大小相对较大。

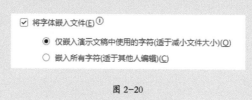

图 2-20

2.3.3 PPT 瘦身术：压缩文件大小

若 PPT 文件太大，在日常工作中就不方便传输与保存。因此，我们需要对 PPT 文件进行压缩。

1. 压缩图片分辨率

- 选中图片，在功能区中找到【图片格式】选项卡，单击【图片格式】选项卡中的【压缩图片】按钮，在弹出的对话框中选择其他分辨率，一般选择【Web（150ppi）：适用于网页和投影仪】选项就能满足正常演示需求，如图 2-21 所示。

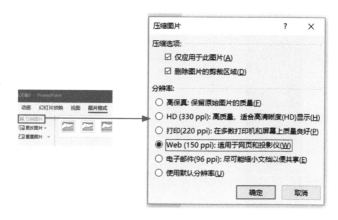

图 2-21

- 按【F12】键打开【另存为】对话框，单击【工具】下拉按钮，在弹出的下拉列表中选择【压缩图片】选项，打开【压缩图片】对话框，根据想压缩的程度选择分辨率，然后单击【确定】按钮返回【另存为】对话框，保存文件后即可压缩 PPT 文件大小，如图 2-22 所示。

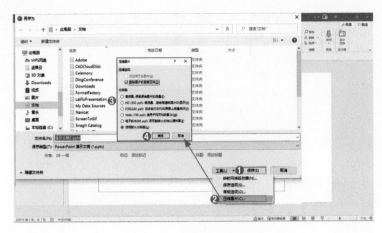

图 2-22

2. 压缩媒体大小

当 PPT 中有视频或音频时，可以单击【开始】选项卡，再单击【信息】按钮，在打开的窗口中选择【压缩媒体】下拉列表中的其他清晰度选项，如图 2-23 所示。

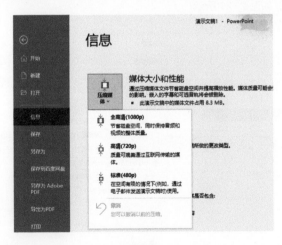

图 2-23

3. 更换字体嵌入方式

在 PPT 文件中嵌入所有字符虽然能够保证可以在其他电脑上进行编辑，但是也会导致 PPT 文件太大。所以，可以在文字内容确定后，选择【嵌入所有字符（适于其他人编辑）】单选按钮，然后进行传输。

4. 删除母版里的版式

有时我们没有用到的版式也会占据 PPT 文件一定的大小，这些版式只有在母版视图中才能被删除。在【视图】选项卡中单击【幻灯片母版】按钮，切换到母版视图，然后右击想要删除的幻灯片，在弹出的快捷菜单中选择【删除版式】选项即可，如图 2-24 所示。

图 2-24

2.3.4 巧改文件格式就可以批量提取素材

想要将 PPT 中的图片、视频、音乐等媒体文件保存到电脑的文件夹中，除右击媒体文件后在弹出的快捷菜单中选择【另存为】选项外，还可以通过批量处理的方式节省重复操作的时间，如图 2-25 所示。

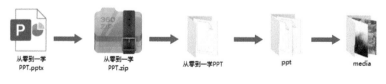

图 2-25

批量提取素材的操作步骤如下。

（1）更改文件格式。

将 PPT 文件的后缀名 .pptx 改成 .zip，变成压缩文件格式。

（2）解压文件。

使用文件压缩软件将生成的 .zip 文件解压，得到一个文件夹。

（3）找到目标文件。

打开文件夹，找到名为"ppt"的文件夹并打开，再找到名为"media"的文件夹，打开后即可看到 PPT 中的媒体文件。

2.4 跨软件交流，用 PPT 呈现 Word 文档和 Excel 图表

作为 Office 软件的三件套，PPT、Word、Excel 三者之间可以实现部分内容的互相导入，具有一定的兼容性。这些内容互导的小技巧使用户制作 PPT 十分方便。本节将介绍如何实现它们之间的兼容操作。

2.4.1 实现 Word 文档和 PPT 的高效互转

无论是工作还是学习，有时需要将领导提供的文档整理成 PPT，或者将老师给的 PPT 课件整理成文档。除将内容一段一段地复制、粘贴外，还可以用以下方法快速实现 Word 文档和 PPT 的互转。

1. 将 Word 导入 PPT

（1）设置文档文本层级。

打开 Word 文档，单击【视图】选项卡中的【大纲】按钮，进入大纲显示模式，如图 2-26 所示。

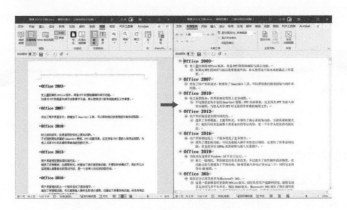

图 2-26

在大纲显示模式下，选中文本并调整层级，如图 2-27 所示，完成后退出大纲显示模式。

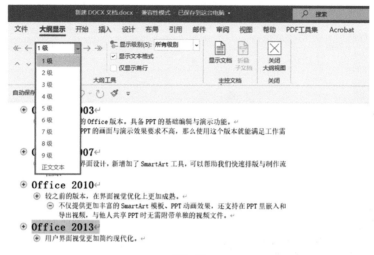

图 2-27

（2）创建幻灯片（从大纲）。

新建一个演示文稿，在【开始】选项卡中单击【新建幻灯片】下拉按钮，然后在弹出的下拉列表中选择【幻灯片（从大纲）】选项，如图 2-28 所示，在弹出的对话框中选择目标 Word 文档即可完成转换。

图 2-28

2. 将 PPT 导入 Word

在【文件】选项卡中选择【导出】命令，然后在打开的窗口的选项列表中选择【创建讲义】选项，再单击【创建讲义】按钮，如图 2-29 所示。

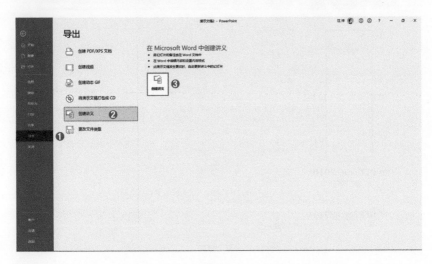

图 2-29

在弹出的对话框中选择【只使用大纲】单选按钮，如图 2-30 所示。单击【确定】按钮即可将 PPT 转换成 Word 文档。

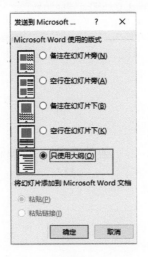

图 2-30

✦ 小技巧

将 PPT 转换成 Word 文档之后，会出现文本字号不统一的情况，并且存在很多空格，如图 2-31 所示。

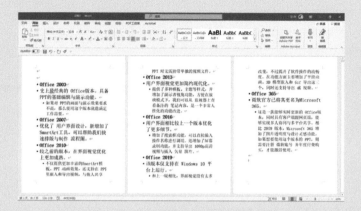

图 2-31

那么，如何在 Word 中统一文本格式并删除空格呢？

- 统一文本格式

按快捷键【Ctrl+A】全选文本，然后在【开始】选项卡中单击【字体】下拉按钮，在打开的面板中单击【清除所有格式】按钮，即可将 Word中的文本格式全部清除，如图 2-32所示。

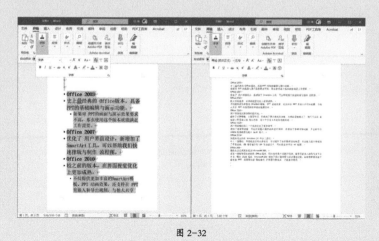

图 2-32

- 删除空格

按快捷键【Ctrl+H】，弹出"查找与替换"对话框。在"查找内容"文本框中输入"^w"，单击【全部替换】按钮即可删除文本中的所有空格，如图 2-33 所示。

图 2-33

2.4.2 实时置入 Excel 数据，PPT 里的图表还能这么玩

Excel 图表可以直接被复制到 PPT 中。注意，如果需要在修改 Excel 图表数据的同时，让 PPT 中的图表同步更新，可以通过以下操作来实现。

在【插入】选项卡中单击【对象】按钮，在弹出的对话框中选择【由文件创建】单选按钮，然后单击【浏览】按钮，在打开的对话框中找到目标 Excel 文件，单击【确定】按钮返回【插入对象】对话框，勾选【链接（L）】复选框，最后单击【确定】按钮即可将 Excel 图表插入到 PPT 中并同步更新，如图 2-34 所示。

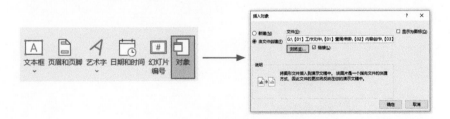

图 2-34

第3章

素材篇：找到好素材，走遍天下都不怕

3.1 做 PPT 要了解的素材知识

素材用得好，做 PPT 没烦恼。在学习使用素材之前，有必要了解一下素材方面的相关知识，这样能够帮助读者更合理地在 PPT 中运用素材。

3.1.1 做 PPT 用到的素材有哪些

想在 PPT 中使用素材来润色，要先知道做 PPT 会用到哪几类素材。一般而言，PPT 中的素材可以分为图片、图标、字体、音乐、视频五大类。

根据自己的 PPT 设计风格来搭配不同的素材，就能让你的 PPT 锦上添花。PPT 中的素材类型介绍如表 3-1 所示。

表 3-1

素材类型	简介
图片	做 PPT 时经常需要插入图片来辅助文字进行演示，营造氛围感
图标	图标通常用作 PPT 内容的可视化元素，或者作为页面的装饰元素
字体	根据 PPT 内容选择合适的字体，可以更好地表达主题
音乐	在 PPT 中插入音乐可以营造一种沉浸感，便于演讲者与观众进行情绪传递
视频	视频素材在信息传递程度上比图片素材更有优势

小贴士

在制作 PPT 时需要注意素材在 PPT 中所占的文件大小，如果文件太大，可能会在放映幻灯片时造成电脑卡顿。

3.1.2 侵权警告！谈一谈素材的版权问题

在网上各平台都可以直接下载素材，但是要注意可以免费下载不代表可以免费商用。如果将未经授权的版权素材进行商用，可能就会收到版权方寄来的律师函。

素材的版权问题不容小觑。如果只是平时个人使用或在团队内部使用，那么也就无须担心素材的版权问题了。

要在公共场合进行商用，我们怎样才能避免侵权呢？

1. 付费购买版权商用素材

通过正规渠道付费购买的有授权协议的版权素材，可以在商业用途上使用，无须担心版权问题。通常我们在付费购买版权素材后，可以下载一份授权书文件，如图 3-1 所示。

图 3-1

2. 找到带有 CC0 协议的素材

既不想花钱，又想将素材拿来商用，也是有方法与途径的。只要找到带有 CC0 协议的素材，就可以拿来免费商用。CC0 协议即版权共享协议，有该协议的素材可以拿来随意修改与使用，也可以直接拿来进行商用。通常在素材的信息页面上，就可以找到相关的版权说明。以 Pexels 网站为例，如图 3-2 所示。

图 3-2

小贴士

　　理论上带有 CC0 协议的素材是可以免费商用的。然而，如果是带有 CC0 协议的人像图片，还要考虑人物的肖像权问题。

3.2　图片素材：PPT 的颜值担当

　　相较于文字，人类对图片的识别能力更胜一筹。这是因为文字是抽象化的元素符号，需要人类通过后天的学习才能理解。所以，想要制造更有视觉冲击力的 PPT 效果，可以在 PPT 中使用图片素材这种视觉化语言。

3.2.1　15 个无版权高清摄影图片网站

　　想在 PPT 中渲染氛围，插入摄影图片是一个明智之举。通常，我们会在各大搜索引擎中直接搜图，但是大部分情况下直接搜索出来的图片不仅版权问题不明确，而且质量还不好，如图 3-3 所示。

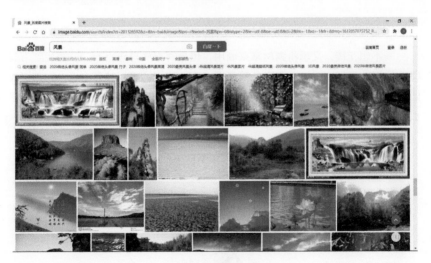

图 3-3

　　一般而言，日常制作 PPT 很少会考虑付费购买图片，为此笔者整理了 15 个高质量的无版权摄影图片网站供读者参考，如表 3-2 所示。

表 3-2

名称	网站简介
Pexels	海量共享图片素材，每周定量更新
pixabay	支持中文搜索的免费可商用图库
Unsplash	每天更新一张高质量的生活情景图片
visualhunt	支持通过颜色来查找图片
Piqsels	免费高清摄影图库
ISO Republic	海量免费高清无版权摄影图库
PxHere	免费高清摄影图库
Foodiesfeed	免费高清食物类摄影图库
Freeimages	免费高清摄影图库，分类清晰
StockSnap	免费高清摄影图库
GRATISOGRAPHY	有趣的免费高清摄影图库
Photock	日本的无版权摄影图库
photostockeditor	海量共享图片素材，每周定量更新
DesignersPics	免费高清的生活类、工作类、休闲类摄影图库
kaboompics	免费高清的生活类摄影图库

💡 **小贴士**

为读者罗列了这么多的图片网站，并不需要读者每次做 PPT 时都拿出来翻阅，这样反而会降低效率。读者只要选择其中一两个网站作为日常制作 PPT 的图片来源网站就足够了。

3.2.2 10 个免抠 PNG 素材网站

免抠 PNG 素材即带有透明底的图片素材。有时为了突出某个 PPT 观点，或者想让 PPT 页面更加精致，可以使用免抠 PNG 素材。

这种类型的素材分辨率虽然没有摄影图片的分辨率那么高，但是在某些特定情况下十分好用。笔者整理了 10 个资源丰富的免抠 PNG 素材网站，如表 3-3 所示。

表 3-3

名称	网站简介
pngimg	国外无版权免抠设计素材网站
cleanpng	国外无版权免抠设计素材网站
StickPNG	国外无版权免抠设计素材网站
FreePNGs	国外无版权免抠设计素材网站
PNG MART	国外无版权免抠设计素材网站
pngpix	国外无版权免抠设计素材网站
PNG ALL	国外无版权免抠设计素材网站
觅元素	国内免抠设计素材网站
千库网	国内免抠设计素材网站
千图网	国内免抠设计素材网站

3.2.3　必须掌握的高质量图片搜索秘诀

当发现一些自己没见过的图片网站时，用户就会以为自己的搜图能力又上升了一个档次。但是等到自己准备搜图的时候，就会发现明明保存了很多高质量的图片网站，却一个都用不上，于是只能用最初的搜索引擎来找图。

其实一直没找到合适的图片，有可能是用户的搜图方法不对。当然，如果用搜索引擎，也是有办法找到高质量的图片的。笔者在此分享 5 种实用的使用搜索引擎的搜图方法。

1. 图片筛选法

无论是百度、谷歌、必应还是其他搜索引擎，都有图片筛选的功能。通过筛选器，用户可以对图片进行各种筛选，包括图片尺寸、图片大小、颜色，甚至版权，如图 3-4 所示。

下面以百度搜索引擎为例，介绍几种筛选功能的作用。

1）版权筛选

想要付费购买图片素材进行商用，却不知道有哪些付费图片网站。其实，只要设置版权筛选条件，页面中就会只显示有版权的图片。

单击选好的图片，会直接链接到对应的图片网站，用户可以付费购买并获得商用授权。如果是个人或团队内部使用，那么可以直接忽略这个筛选条件。

2）尺寸筛选

正常来说，谁都不希望在 PPT 中看到一张模糊的图片。因此每次搜图，尺寸筛选条件都是一个必选项。

通常笔者都会优先选择"特大尺寸"的图片，因为符合该条件的图片的分辨率都是非常高的。如果在该条件下没有找到合适的图片，也可以选择"大尺寸"图片，在 PPT 中也勉强够用。

3）颜色筛选

如果要在 PPT 中使用一系列同色系的图片，那么只需要设置颜色筛选条件，就可以找到颜色近似的图片，省去很多自己找图判断颜色的时间。

图 3-4

2. 词语叠加法

当输入一个关键词没有搜索出自己想要的图片时，可以尝试在关键词后面空一个格再输入一个新的关键词，这样就可以缩小搜索范围，方便找到想要的图片。

下面以搜索一张猫眼特写图片为例介绍词语叠加法的操作。在搜索框中输入"猫咪""眼睛""特写"这 3 个关键词，每两个关键词中间空一个格，这样就能比较精确地找到想要的图片，如图 3-5 所示。

图 3-5

💡 **小贴士**

　　不同的关键词叠加能够搜索出不同的图片。这种搜索方法同样适合在搜索引擎中搜索其他内容。

3. 语言替换法

　　有时用某些关键词搜索出来的图片的质量可能良莠不齐。针对这种情况，可以用在线翻译工具（如图 3-6 所示）把中文关键词替换成其他语言的关键词来搜索。

图 3-6

这种搜图方式用在国外的图片网站上效果更佳。例如，在谷歌搜索引擎上搜索"城市背景"图片时，搜索出来的图片的质量并不好，如图 3-7 所示。

图 3-7

当把关键词换成"city background"进行搜索时，就会发现搜索出来的图片的质量上升了不止一个档次，如图 3-8 所示。

图 3-8

4. 情感共鸣法

用户在搜图时，用具象的关键词能比较容易地找到合适的图。然而，有些时候要在 PPT 中表达某种情绪，就需要用相关的抽象关键词来搜图，这时就会发现根本找不到相关方面的图片。

仔细一想，抽象的关键词本身就是虚的东西，几乎没有办法找到一张符合抽象关键词的图片。那么，我们可以换一个角度思考，找到一些场景图来与观众建立情感共鸣。

例如，想用图片表示"用心做事"，我们就可以思考一下有什么场景是接近这个关键词的。"木匠"是一个不错的替代词，我们可以用这个关键词来搜索图片，如图 3-9 所示。

图 3-9

5. 以图搜图法

如果需要的图片上有水印或分辨率不高，怎么办呢？完全不用担心，现在搜索引擎的技术已经能够实现以图搜图的功能了。只要把需要的图片上传到搜索引擎，直接搜索或补充几个关键词再搜索，就可以找到这张图片的高清版本了，如图 3-10 所示。

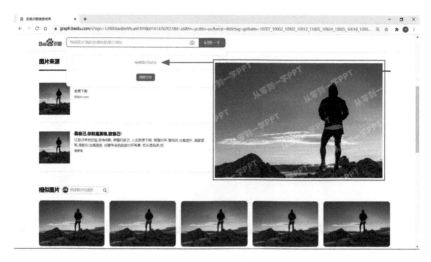

图 3-10

💡 **小贴士**

所谓万变不离其宗，掌握了以上这些搜图方法，就能轻松地找到合适的高质量图片了。

3.2.4 简单好用的图片编辑工具

1. 图片像素放大器

如果使用前文介绍的方法找到的图片的分辨率还是不高，那么下面给读者推荐一款图片像素放大器——PhotoZoom。

这款软件可以通过算法将图片的分辨率放大。当读者手头上的图片分辨率不高时，就可以用 PhotoZoom 来补救。在 PhotoZoom 中打开要调整的图片，然后把【新尺寸】选项下的参数值适当调大，如图 3-11 所示，即可放大图片像素。

2. 轻松搞定图片墙

想要快速实现图片墙排版效果，可以使用 Collagelt 软件，如图 3-12 所示。使用方法很简单，首先选择一个模板，然后进入编辑界面，将文件夹中的图片添加进去，再根据自己的喜好调整间距、边距、背景等参数，最后输出图片格式即可。

图 3-11

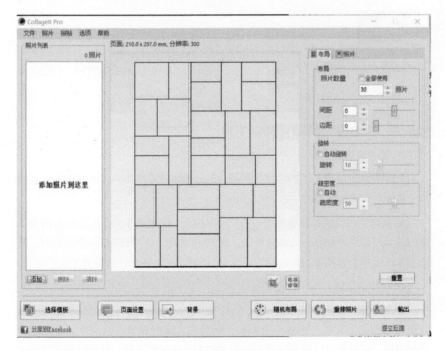

图 3-12

有关图片调整方面的知识，笔者会在第 4.5.1 节中详细讲解。

3.3　图标素材：专业，就是一套风格统一的图标

图标是一种形象的视觉化语言。在 PPT 中，如果文字内容太过抽象，就可以用图标作为该文字内容的可视化元素，便于观众理解。本节将介绍如何在 PPT 中正确使用图标元素。

3.3.1　十大图标宝藏库，搜集百万个免费图标

在日常制作 PPT 时，可以用一些通用性的图标元素来丰富幻灯片内容。通用性指的是图标元素可以应用在任何 PPT 中，不受 PPT 风格的限制。然而，对于大部分人来说，如果没有一定的设计能力，就很难画出好看的图标。那么，没有设计能力的人是不是就与图标无缘了呢？

无须担心这一点，笔者整理了 10 个实用的矢量图标素材网站，如表 3-4 所示。

表 3-4

名称	网站简介
iconfont	阿里巴巴矢量图标库，拥有 800 多万个图标资源
IconPark	字节跳动旗下的开源矢量图标库
easyicon	60 万个图标可免费下载，支持图标在线编辑
icons8	16 万个矢量图标可免费下载
flaticon	国外优质矢量图标库，图标精细化程度高
iconstore	国外优质开源矢量图标库
iconfinder	国外团队开发的开源矢量图标库
remixicon	国外团队开发的开源矢量图标库
feathericons	国外个人开发的开源矢量图标库
simpleicons	国外个人开发的开源矢量图标库

小贴士

从网上下载的矢量图标通常为 SVG 格式文件，只有 Office 2016 及以上版本才能编辑。

3.3.2 风格随心换,图标素材的编辑应用

现在可以很容易地从网上下载合适的图标素材来提升幻灯片的演示效果。然而,当需要在一页幻灯片中展示多个图标元素时,如果图标元素的风格不统一,就会让幻灯片看起来很突兀,如图 3-13 所示。

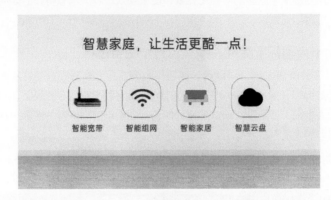

图 3-13

在一页幻灯片中使用同种风格的图标,看起来才会统一、美观。通常适合用在 PPT 中的图标风格主要有线型图标、面型图标、混合图标和扁平图标 4 种类型,如图 3-14 所示。

线型图标　　面型图标　　混合图标　　扁平图标

图 3-14

💡 **小贴士**

当在一页 PPT 中需要突出某个内容时,可以用不同于其他风格的图标来做突出展示。例如,在 PPT 中讲到"智慧云盘"时,就可以用区别于其他线型图标的面型图标来突出展示,如图 3-15 所示。

图 3-15

了解了图标风格的区别后，就能够从整体上解决图标的统一问题了。另外，还有一个问题就是图标该如何在 PPT 里面进行编辑。

图标可以被编辑的前提是图标的文件格式必须是 SVG 或 EMF。这两种格式都是 PPT 支持的矢量图片文件格式，区别在于，SVG 格式只支持 Office 2016 及以上版本，而 EMF 格式支持 Office 2007 及以上版本。由于网上下载的矢量图标多为 SVG 格式，因此下面以 SVG 格式的图标为例来讲解如何对矢量图标进行编辑。

用户可以直接将下载好的 SVG 图标拖曳到 PPT 中，然后右击该图标，在弹出的快捷菜单中选择【组合】→【取消组合】选项。这时会在界面中弹出一个对话框，单击【确定】按钮就能将图标元素变成 PPT 可以编辑的绘图形状格式，如图 3-16 所示。

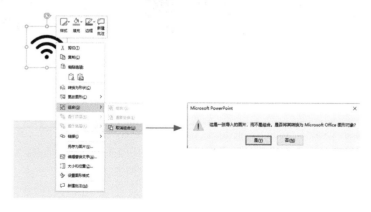

图 3-16

小贴士

部分图标需要再次取消组合才能对元素进行任意编辑。

3.4　字体素材：让文本充满魅力

文字是制作 PPT 最基本的元素，而字体是文字的风格，可以表示文字所传达出来的情绪。本节将讲解如何灵活使用字体素材。

3.4.1　如何挖掘高质量的字体素材

有时恰恰是因为 PPT 中的字体不同，才让幻灯片的演示效果更加深入人心。例如，如图 3-17 所示的 PPT 中的"新国货"三个字使用的是书法字体，我们可以看出想要传达的是热血沸腾的情绪。

如果把字体替换成普通的黑体，情绪传达的效果就没有那么强烈了，如图 3-18 所示。

图 3-17

图 3-18

笔者根据自己平时制作 PPT 的习惯，为读者推荐 3 个找字体的渠道。

1. 猫啃网

猫啃网整合了全网所有免费可商用的中英文字体，支持免费下载，还提供每个字体的来源出处、授权方式等详细信息，方便用户在商用的时候规避版权问题，如图 3-19 所示。

图 3-19

2. 字魂网

字魂网汇集了很多高质量的正版商用字体，需付费才能授权使用，如图3-20所示。相比大型字库公司的授权费用，字魂系列字体的授权费用更加亲民。一般来说，用户购买某个字体后，就能得到该字体的使用权。而字魂系列字体在购买后，用户可以使用全站的所有字体。

图 3-20

3. 字由

不同于前面推荐的两个网站，字由是一款字体工具软件，可通过收藏、搜索、标签、案例等方式快速找到所需字体，如图 3-21 所示。

图 3-21

在使用字由时，无须下载庞大的字体包文件，只要在 PPT 中选中文本框，然后在字由中单击目标字体，文本框中的字体就会被替换成所选的字体，如图 3-22 所示。

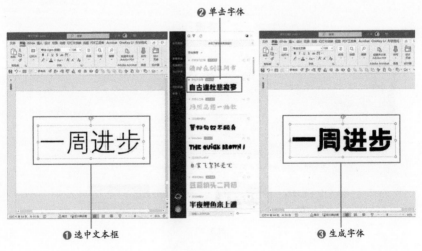

❷ 单击字体

❶ 选中文本框　　　　　❸ 生成字体

图 3-22

3.4.2 找字指南：看到好字体，学会智能识别查找

在日常生活中看到一些好看的字体，但不知道这些字体的名称，怎么办呢？这时只需要一个字体识别网站就能解决，它就是求字体网，如图 3-23 所示。

图 3-23

只要把文字截图上传到网站，就可以自动识别出该字体的名称，并且该网站还提供字体的下载链接，但只供个人学习使用，商用需要授权，如图 3-24 所示。

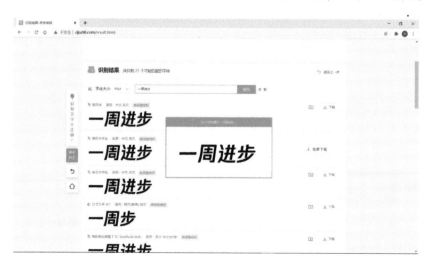

图 3-24

小贴士

在上传文字截图时，注意文字的背景尽量保持整洁，否则会影响识别结果。

3.5 影音素材：征服视听体验的秘诀

PPT 支持插入影音多媒体文件，在 PPT 中插入音频或视频素材能让你的演示更加具有沉浸感。那么，音频和视频素材该去哪儿找呢？本节内容将为你揭晓答案。

3.5.1 音频素材：一首 BGM，让你的 PPT 不再枯燥

一首合适的背景音乐，有时能让用户在演示 PPT 时，更容易跟观众产生情感共鸣。那么，动人的背景音乐要去哪儿找？笔者整理了 8 个实用的背景音乐网站，如表 3-5 所示。

表 3-5

名称	网站简介
jamendo	个人使用免费，商用需遵守网站条例
freepd	海量优质的免版税音乐资源
bensound	国外个人音乐作品，部分可免费商用
musopen	以古典音乐为主，部分可免费商用
musicbed	国外纯音乐资源，商用需付费
Vfine	国内专业的数字音乐版权交易平台
100Audio	汇聚了全球数十万首音乐作品
AGM	有数百万首正版商用音乐作品

小贴士

音乐的版权保护非常严格，若不注意规避，被处罚的金额一般都是很高的。笔者建议如果商用，要购买正版的音乐版权。

3.5.2 视频素材：不用复杂设计，也能让 PPT 流光溢彩

说到动态 PPT，很多人都会想到在 PPT 中添加动画效果。但是，制作 PPT 动画需要一定时间的打磨，如果对 PPT 动画了解不深入，是不是就没办法做出好的 PPT 页面了呢？

其实不然。告诉读者一个更加简单高效的方法，即在 PPT 中添加视频素材。不需要掌握太过复杂的设计方法，就能实现甚至比 PPT 动画还要出彩的动态效果。视频素材添加到 PPT 中后，可以看到视频下方有一个播放按钮和一个进度条，方便在制作过程中随时预览视频效果，如图 3-25 所示。

图 3-25

笔者推荐两个无版权可商用的视频素材网站，如表 3-6 所示。

表 3-6

名称	网站简介
Pexels	拥有海量高清无版权视频素材，可免费商用
Pixabay	拥有众多高清无版权视频素材，可免注册下载

★ **小技巧**

若插入的视频时间太长，有没有办法只截取其中的一小段来播放？

当然可以！PPT 中提供了视频裁剪功能，用户无须学习复杂的操作技巧，就能裁剪出自己想要的视频片段。选中要裁剪的视频，在【播放】选项卡中单击

【剪裁视频】按钮，这时会弹出一个对话框，拖动对话框中的绿色滑块和红色滑块就可以调整视频播放的区间，如图 3-26 所示。

图 3-26

3.6 底纹素材：简单有趣的 PPT 背景都从这里找

你的 PPT 为什么看起来没有别人的 PPT 精彩？有可能是缺少一些底纹素材来提升 PPT 的质感。本节将介绍如何运用底纹素材来提升 PPT 的质感。

在空白单调的背景上添加一张底纹图片，立刻就能提升 PPT 的质感，如图 3-27 所示。

在属性设置区中，【图片或纹理填充】与【图案填充】这两个选项给用户提供了一些预设的底纹背景。但是，这些底纹背景有些比较突兀，有些调整起来很费时间，所以在制作 PPT 时基本上都会把这两个选项忽略掉。

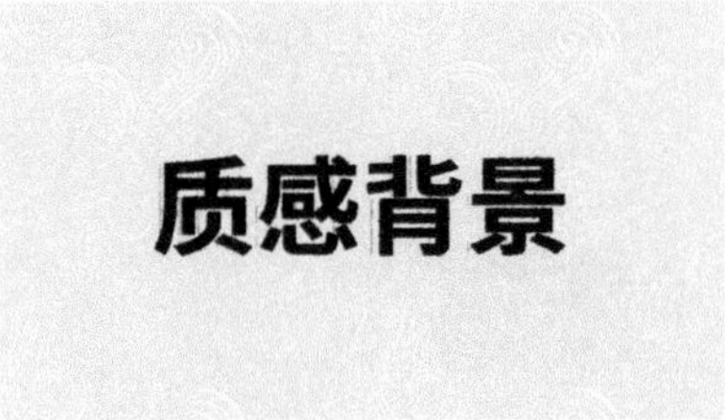

质感背景

图 3-27

好看的底纹背景可以自己去图片网站上找。不过，要从海量的图片网站上找到一张能直接用的底纹素材也是需要花一些时间的，还不如找专门提供底纹素材的网站。

这里分享一个笔者经常使用的底纹素材网站——图鱼网，如图 3-28 所示。

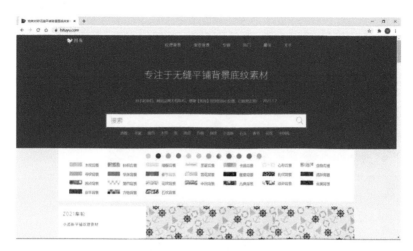

图 3-28

图鱼网上有将近 18 万张纹理背景图片，支持在线预览与免费下载。值得一提的是，如果把这些纹理背景图片拼接起来，都是可以无缝衔接的。

当直接把底纹背景图片拖到 PPT 中时，会发现图片尺寸明显太小，根本没办法使用。这时，用户可以将这张图片多复制几份，然后将这些图片整齐排列，就可以得到一张铺满幻灯片的纹理背景，如图 3-29 所示。

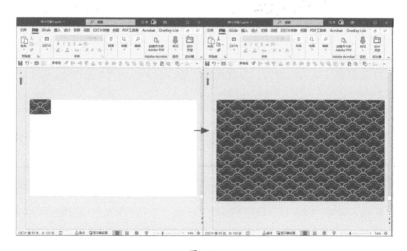

图 3-29

　　排列图片太浪费时间了，有没有办法快速生成背景呢？当然有！在属性设置区单击【填充】选项卡，选择【图片或纹理填充】单选按钮，然后单击【插入】按钮，在打开的对话框中选择一张背景图片，返回后再勾选【将图片平铺为纹理】复选框就能轻松完成背景填充了，如图 3-30 所示。

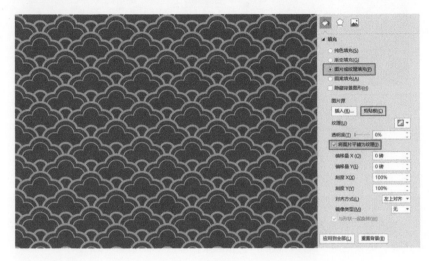

图 3-30

★ 小技巧

　　底纹图片的填充效果太密集，有没有办法调整底纹大小呢？

　　PPT 中的图片平铺效果是根据当前填充图片的大小来实现的。所以，用户可以在 PPT 中将底纹图片放大，再填充到背景，就能得到密集程度不同的底纹背景了。

3.7　配色素材：没有最好看的配色，只有最丰富的选择

　　配色用得好，PPT 设计就已经成功了一大半。对于大多数未接触过配色的读者来说，自己调出和谐的配色比较困难。本节将为读者介绍一些配色素材的网站，提升 PPT 的美感。

1. Color Hunt

该网站提供很多配色方案，每个配色方案里有 4 种颜色，最上方的颜色可以看作是主色调，在 PPT 中可以大面积使用。将鼠标指针悬停在颜色上面还能看到该颜色的十六进制数值，便于用户在PPT中直接输入颜色数值，如图3-31所示。

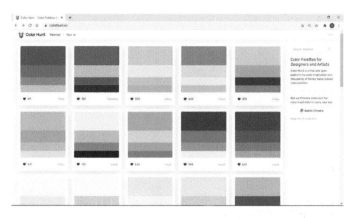

图 3-31

2. uiGradients

这是一个提供渐变色参考方案的网站。该网站有上百种渐变色配色方案，并且每个配色方案中都提供了颜色的十六进制数值，方便用户在 PPT 中准确使用，如图 3-32 所示。

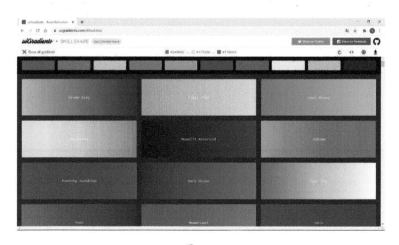

图 3-32

3. Webgradients

该网站收录了很多好看的渐变色参考方案。在每个配色方案左下角可以获取颜色的十六进制数值。单击渐变圆形区域,可以切换到全网页预览模式,如图 3-33 所示。

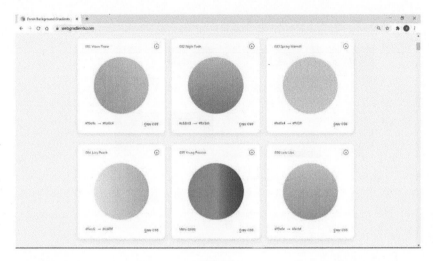

图 3-33

★ 小技巧

如何在 PPT 中修改颜色的十六进制数值呢?

在背景的【填充】选项区中,选择【颜色】下拉列表中的【其他颜色】选项,然后在弹出的对话框中单击【自定义】按钮,即可修改颜色的十六进制数值。有关如何使用配色的内容,笔者会在第 4.2 节详细讲解。

3.8 高手的素材之道:建立个人素材库

在制作 PPT 时,经常需要上网去寻找一些图片素材来丰富 PPT 页面。如果拥有一个属于自己的素材库,就不用每次都花时间寻找素材了,可以大大提高制作 PPT 的效率。本节将介绍如何建立自己的素材库。

3.8.1 素材库的意义：合理地组织、收纳素材

很多人会把素材放到自己的文件夹里，可是等到实际应用时却发现这些素材基本上用不到，感觉素材库的作用不大。这是因为没有合理地整理自己的素材库。

把素材保存到文件夹仅仅是建立素材库的第一步，对素材进行整理以便在工作中用得上，才是素材库的核心作用。下面笔者分享自己整理素材的三步法。

1. 收集

通常在素材网站上都能找到下载链接，可以直接将素材下载。也有一些网站上的图片是不提供下载链接的，这时可以借助其他工具完成下载。笔者日常使用的是一款浏览器插件 ImageAssistant，如图 3-34 所示。

图 3-34

以 Chrome 浏览器为例，只需要把插件安装到浏览器上，在目标网页上单击该插件的小图标，然后在弹出的下拉菜单中选择【提取本页图片】选项，如图 3-35 所示，就可以下载该网页上的任意一张图片了。

2. 整理

下载素材后，可以按自己的理解对素材重新命名，方便日后搜索时有迹可循。根据下载好的素材类型，还可以建立一个文件夹的分类系统，把这些素材分别放在这些文件夹里，方便后续使用时能够快速找到。

图 3-35

在建立文件夹的分类系统之前，可以先用思维导图工具搭建一个大概的分类框架，再根据素材的丰富程度不断完善框架结构，如图 3-36 所示。

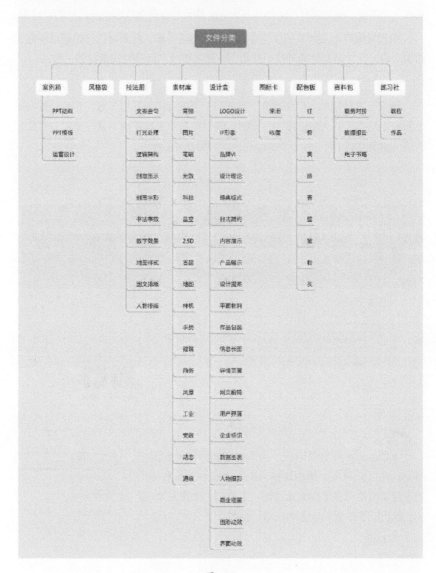

图 3-36

用户要养成不定期去翻阅自己的素材库的习惯。因为看多了素材就会有一个印象，方便在日后制作 PPT 时能够想到素材在哪个文件夹里面，从而提高搜索效率。

3. 应用

在日常使用中，可以随时把一些使用频率较低或质量较差的素材删掉。存其精华，去其糟粕。通过日常积累与整理，逐渐形成自己强大的素材库系统。

3.8.2　管理素材的工具和使用方法

电脑文件夹可以用来存放整理好的素材文件，但是如果素材库包含很多层文件夹，每次打开就会比较烦琐。这时，可以使用软件工具来代替电脑文件夹进行素材管理。

1. Eagle

Eagle 是一款非常好用的素材收集和管理工具。它不仅能保存图片，还可以保存视频文件、音频文件、字体包文件和 PDF 文件等，是一个兼容性非常强的素材大容器。同时，用户还可以在软件的界面中预览每个素材文件，方便制作 PPT 时迅速找到指定的素材文件，如图 3-37 所示。

图 3-37

Eagle 还可以方便用户快速地收集各种素材。以 Chrome 浏览器为例，安装好 Eagle 插件后，把浏览网页时看到的素材拖动到【拖放图片到这里】对话框中，释放鼠标后，所选的图片就会被下载到 Eagle 软件中，如图 3-38 所示。

图 3-38

Eagle 软件的更多功能，可以查看官网介绍。

2. 坚果云

对于大部分人来说，素材库文件一般都会保存在自己的电脑中，在需要的时候拿出来使用。但是有时用户也会因为需要在其他电脑上制作 PPT，没有办法使用自己电脑上的素材库，这时可以使用坚果云软件让素材库同步到云端。

坚果云是一款实现文件同步功能的工具软件，它可以将素材库同步到网上共享，如图 3-39 所示。

图 3-39

无论用户在哪台电脑上制作 PPT，都可以在网页端打开提前同步好的文件夹，找到相应的素材来使用。

坚果云软件的更多功能，可以查看官网介绍。

第4章

美化篇：演示之美，设计之道

4.1 排版美化：专业的 PPT 从不在排版方面丢分

我们在制作幻灯片之前一般会在 Word 中写好文稿，把大段文字提炼后再复制到幻灯片上。为了让幻灯片页面看起来更加美观、清晰易懂，需要对内容进行排版。本节将讲解 PPT 排版的重要知识。

4.1.1 PPT 排版的四大原则

排版是平面设计的基本功，而 PPT 的设计美化属于平面设计的一个分支，因此可以将平面设计的排版原则应用到 PPT 设计上。掌握了排版的四大原则，即使在上场演示前没有时间美化幻灯片页面，也能交出一份成绩及格的幻灯片。

1. 亲密

亲密就是将页面上相关的信息内容排得近一些，让这些内容看起来像一个组合，而不是一堆关系混乱的碎片文字段。

在对 PPT 页面中的文字进行排版时，只有遵循亲密原则，才能减少读者的阅读压力，如图 4-1 所示。

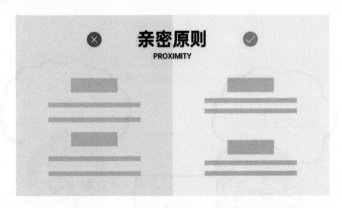

图 4-1

在图 4-2 所示的案例中，如果不细读文字内容，就很难看出段落之间是否互相关联，存在逻辑误导，会让 PPT 的演示效果大打折扣。

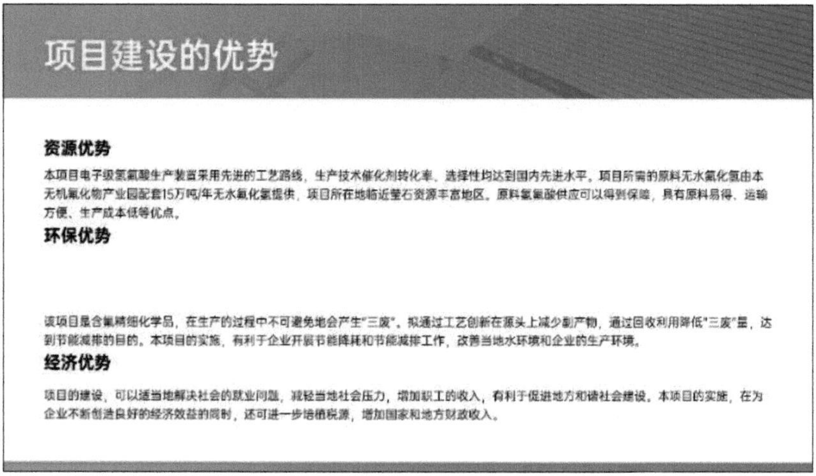

图 4-2

　　运用亲密原则，将信息内容之间的距离调整好后，就能够从整体上看出信息内容之间的条理性，同时也会让观众更有兴趣去阅读 PPT 上的内容，如图 4-3 所示。

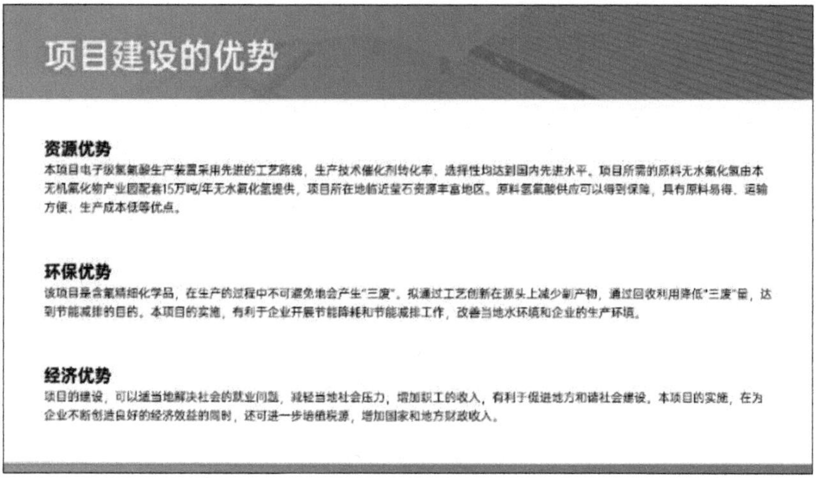

图 4-3

2. 对齐

幻灯片页面上的信息都是有一定关系的，这种关系通常可以用对齐操作来规划和区分。对齐可以分为三种基本情况：左对齐、居中对齐、右对齐。根据页面上信息内容之间的实际情况，应用合适的对齐方式，可以让页面上的信息更加规整、统一，如图 4-4 所示。

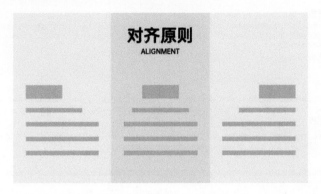

图 4-4

很多人在做 PPT 时，只要看到页面上有空白部分，就习惯性地将内容往页面上堆，使得页面上的信息杂乱无章，如图 4-5 所示。

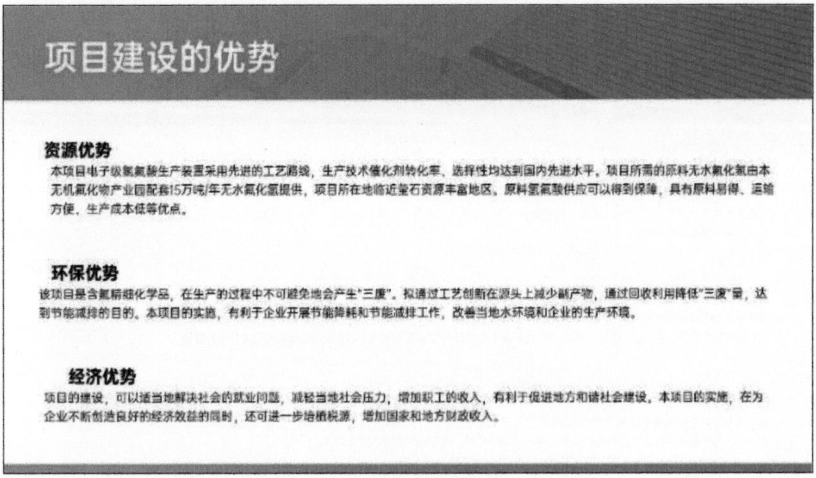

图 4-5

将页面上的信息内容全部左对齐之后，页面的整体视觉效果变得更加舒服了，如图 4-6 所示。

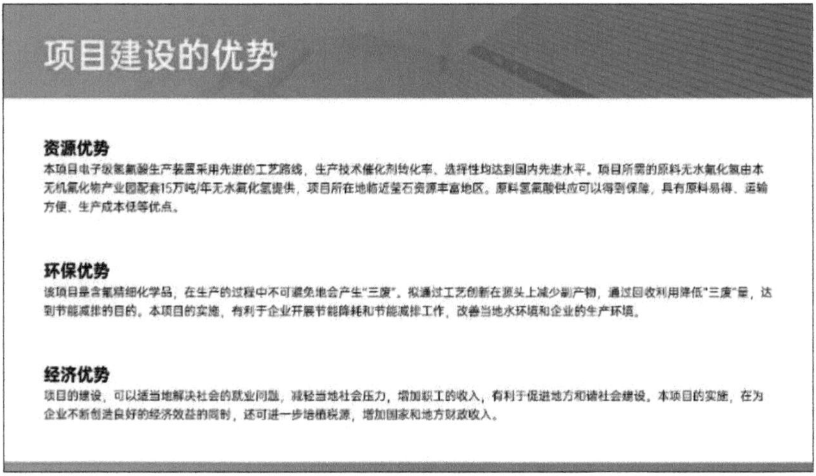

项目建设的优势
资源优势
本项目电子级氢氟酸生产装置采用先进的工艺路线，生产技术催化剂转化率、选择性均达到国内先进水平。项目所需的原料无水氟化氢由本无机氟化物产业园配套15万吨/年无水氟化氢提供，项目所在地临近萤石资源丰富地区。原料氢氟酸供应可以得到保障，具有原料易得、运输方便、生产成本低等优点。
环保优势
该项目是含氟精细化学品，在生产的过程中不可避免地会产生“三废”。拟通过工艺创新在源头上减少副产物，通过回收利用降低“三废”量，达到节能减排的目的。本项目的实施，有利于企业开展节能降耗和节能减排工作，改善当地水环境和企业的生产环境。
经济优势
项目的建设，可以适当地解决社会的就业问题，减轻当地社会压力，增加职工的收入，有利于促进地方和谐社会建设。本项目的实施，在为企业不断创造良好的经济效益的同时，还可进一步培植税源，增加国家和地方财政收入。

图 4-6

在封面页的设计上，运用居中对齐的排版方式，配上一张左右对称的图片，就会让整个页面看起来更加大气，如图 4-7 所示。

右对齐排版方式在封面设计上应用的也比较多，但这种排版方式不太符合人们从左到右的阅读习惯，所以在使用右对齐排版方式时需要确保文字信息不太多，如图 4-8 所示。

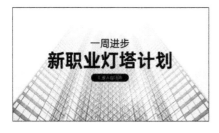

一周进步
新职业灯塔计划

图 4-7

一周进步
新职业灯塔计划

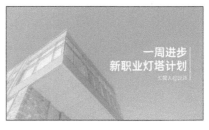

图 4-8

3. 重复

在页面中，如果元素之间是同级别的关系，就可以给这些元素应用相同的样式设计，以此达到一致的效果，这就是重复原则的使用方法，如图 4-9 所示。

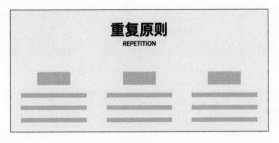

图 4-9

从图 4-10 所示的页面中能够看出有三项内容，但是这三项内容的文字字号和排版间距不统一，会影响观众对信息是否一致的判断。

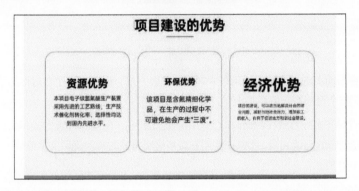

图 4-10

将这三项内容的文字层级统一调整好之后，整体上看信息之间的关系就更加明确了，如图 4-11 所示。

图 4-11

4. 对比

运用对比原则，可以让页面中的元素突出显示，以此达到吸引观众关注的目的，如图 4-12 所示。

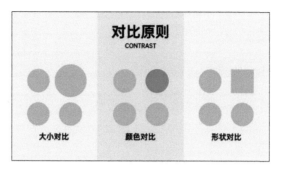

图 4-12

在图 4-13 所示的页面中，标题的字号和字重跟正文的字号和字重没有区别，给观众的感受就是不知道哪里是重点。

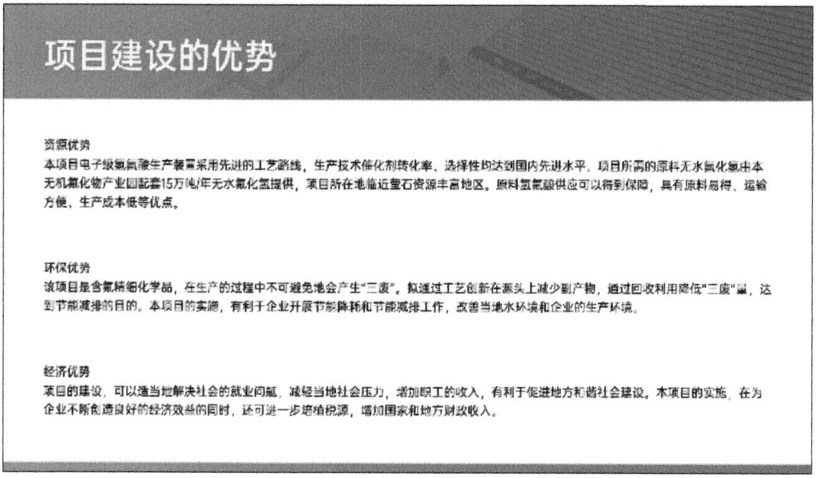

图 4-13

图 4-14 中的方案 1、方案 2、方案 3 分别用字号对比、颜色对比、字重对比三种方式，让页面中的重点信息更加突出。当然，最好的方案是方案 4，将三种对比方式都运用了，也能让页面的信息层级区分得更加明显。

图 4-14

4.1.2　6 个简单好用的排版小技巧

掌握一些排版小技巧，可以帮助用户在制作 PPT 时更加高效地做出美观的幻灯片页面。

1. 左对齐最合适

在排版文字比较多的段落时，使用左对齐的排版方式可以减少人们眼睛搜索文字的跳跃次数，方便观众更快地找到阅读的起始位置，如图 4-15 所示。

图 4-15

2. 使用一种字体

在制作 PPT 时，有些用户经常为了美化幻灯片页面而使用很多特殊字体，然而，实际制作完成后的效果却总是让人感觉不和谐，如图 4-16 所示。

图 4-16

遵循排版四大原则中的重复性原则，我们在制作 PPT 时，要谨慎使用特殊字体。特别是对于没有设计基础的人来说，最好只使用一种字体，这才是比较保险的设计方式，如图 4-17 所示。

图 4-17

3. 使用两个字重

一个比较成熟的字体通常会有多个字重，即字体有不同的笔画粗细。在 PPT 页面上，用户可以使用一个字体中的不同字重来区分信息内容的层级关系，方便观众快速阅读并区分关键信息，如图 4-18 所示。

图 4-18

在图 4-19 所示的案例中，左边的文案只使用了一个字重，很难从中区分出标题和正文内容的层级关系，而右边的文案使用了两个字重，可以清楚地看出标题和正文内容的区别。

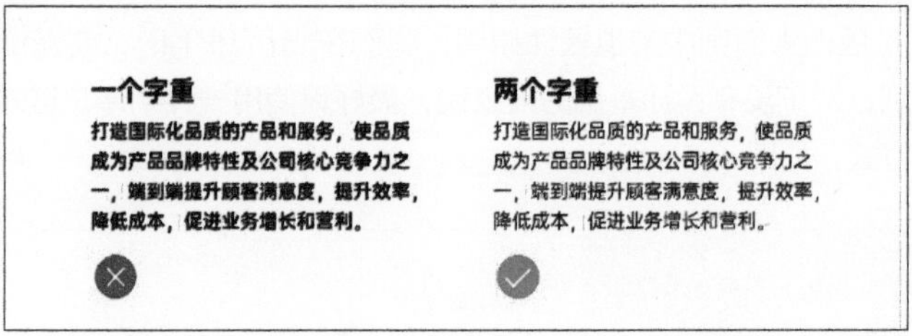

图 4-19

4. 字号划分层级

区分信息内容还有一招，就是调整字号。如果标题的字号和正文的字号一样，观众阅读起来就会比较困难。因此，标题与正文内容之间，除字重对比外，还需要注意字号的对比，建议标题和正文之间用两倍字号来区分层级关系，如图 4-20 所示。

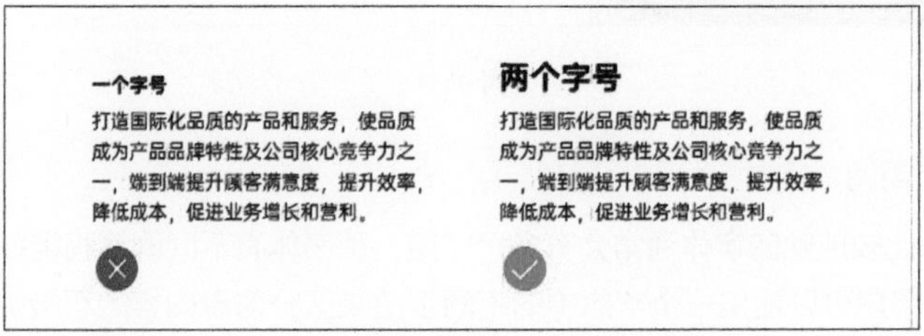

图 4-20

5. 使用对齐工具

当页面上有多个文本框时，用鼠标拖曳的方式进行对齐，需要花费很长时间，而且还有可能没有完全将文字对齐。其实，只要借助 PPT 的对齐工具，就能快速实现对齐操作，如图 4-21 所示。

图 4-21

6. 注意段落间距

对于内容较多的文案，如果行距太小，阅读起来就会比较困难。把行距调整为 1.3 倍，让行与行之间有间隙，阅读起来就会比较舒适，如图 4-22 所示。

图 4-22

4.1.3　PPT 的终极排版利器：SmartArt

PPT 软件中有一个能对文案进行快速排版的功能，它就是 SmartArt。这个功能早在 Office 2007 版本更新的时候就出现了，但是因为使用起来比较麻烦，而且默认的设计样式比较简陋，所以经常被用户在做 PPT 的时候忽略掉，如图 4-23 所示。

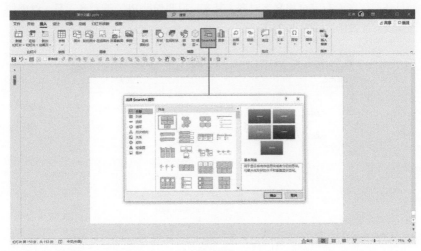

图 4-23

如果能把 SmartArt 用好，关键时候也是能够拯救你的 PPT 排版设计的。SmartArt 的正确用法并不是先插入一个图形，然后依次把文字输入进去，而是先选中文本，然后在【开始】选项卡中找到 SmartArt 选项，选择对应的图形就能自动生成版式，如图 4-24 所示。

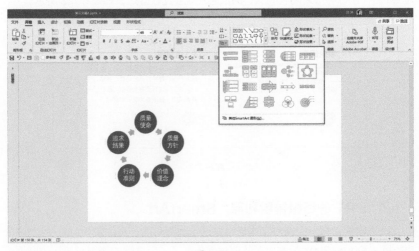

图 4-24

如果用户不喜欢默认生成的图形颜色，也可以对其进行调整。在实际使用中搭配图片或其他修饰元素就能很快地制作完成一个幻灯片页面，如图 4-25 所示。

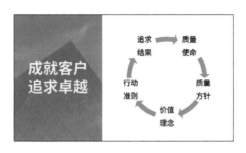

图 4-25

4.2　配色美化：成为一名配色大师

从心理学的角度来说，色彩会刺激人们的情绪与行为。而一张幻灯片的配色如果用得好，会在一定程度上给观众带来正确的情绪影响，同时还会给幻灯片的美观程度加分。所以，对于需要制作 PPT 的人来说，有必要了解一些配色方面的知识。

4.2.1　你必须掌握的色彩原理

RGB、CMYK 和 HSB 是当前使用较多的色彩系统。掌握基本的色彩理论，有助于培养我们的色彩感知，帮助我们在 PPT 制作中有意识地使用正确的颜色。

1. 光学三基色——RGB

光学三基色是由红（R）、绿（G）、蓝（B）3 种颜色组成的。色光的计数范围为 0~255，色值分别为红光（255,0,0）、绿光（0,255,0）、蓝光（0,0,255）。

三基色的本质是光的叠加，通过这 3 种基本色光不同亮度的互相混合，能够得到多种色彩，而三基色色光全亮度混合最终会得到白光，如图 4-26 所示。

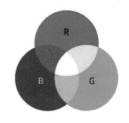

图 4-26

2. 四色印刷——CMYK

颜料的三原色是由青（C）、品红（M）、黄（Y）组成的，俗称印刷色。印刷的计数范围为 0~100，色值分别为青（38,0,16,0）、品红（42,64,0,0）、黄（0,11,92,0）。

颜料三原色的本质是光的吸收，颜料混合后会降低明度，得到其他色彩，三原色混合后会得到黑色。但是，混合后的黑色并非纯黑色，导致在印刷时需要考虑更多的成本问题。

为了降低印刷成本，后来就在印刷色中引入纯黑色。由于字母 B 在色彩中代表蓝色，所以代表黑色的字母就取黑色的英文单词 BLACK 的末尾字母 K 来表示。这就是我们今天看到的四色印刷 CMYK 名称的由来，如图 4-27 所示。

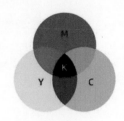

图 4-27

💡 **小贴士**

色值还有一种表示方式是用十六进制来表示的。比如，红色（255,0,0,）的十六进制数值为 #00FF00。该转换涉及数学中的进制换算，读者只要简单知道即可。

3. 色彩三属性——HSB

色彩的三属性为色相（H）、饱和度（S）和明度（B）。改变任意数值，就可以得到不同的颜色。

1）色相（H）

色相代表颜色本身固有的属性。我们能感知不同的颜色，实际上是因为物体发出或反射不同波长的光被人眼吸收，如图 4-28 所示。

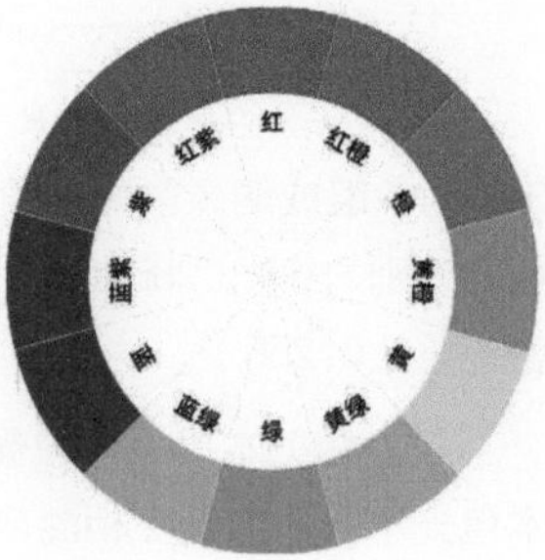

2）饱和度（S）

图 4-28

饱和度指颜色的鲜艳程度，也称纯度。当饱和度为 0 时，颜色呈现黑、白、灰。

当饱和度不为 0 时，颜色则用该颜色所含有的灰色程度来计算，如图 4-29 所示。

图 4-29

3）明度（B）

明度代表颜色所具有的亮度和暗度。在颜色中加入白色，明度提高；在颜色中加入黑色，明度降低，如图 4-30 所示。

图 4-30

4.2.2　色彩搭配原来如此简单

1. 单色

单色的色彩搭配是指在某个颜色中加入 10%~90% 的黑色或白色，从而得到多个配色选择，如图 4-31 所示。单色搭配能够给人严谨、专业且简约的感觉。我们经常会在很多大企业的视觉包装上看到单色应用。

单色　　　　　　　单色+50%白色　　　　　　单色+50%黑色

图 4-31

2. 互补色

互补色指的是色相环上相距 180° 的颜色，如图 4-32 所示。这种颜色搭配会引起强烈的视觉冲击。在 PPT 中可以使用互补色来强调关键内容。

3. 邻近色

邻近色指色相环上相距 60° 左右的颜色，如图 4-33 所示。邻近色搭配既能保证页面的视觉统一，又能让颜色更加丰富。

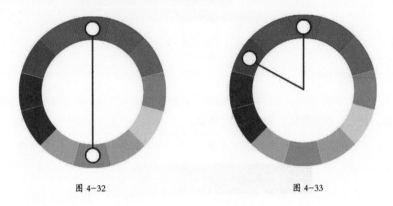

图 4-32　　　　　　　　　　　　　　　　　　图 4-33

4. 对比色

对比色指色相环上相距 120°~180° 的颜色，如图 4-34 所示。对比色的应用原理与互补色的应用原理相似。需要注意的是，互补色是包含在对比色里面的，属于对比色的一部分。

图 4-34

★ 小技巧

在实际应用中，读者还需要注意两个细节。

- 一个页面中不超过 3 种颜色

通常在一页 PPT 中使用的颜色除黑、白、灰外，还需要包含主色、辅助色和强调色，但是总体颜色的数量不应该超过 3 种，否则就会让人感觉页面混乱，如图 4-35 所示。

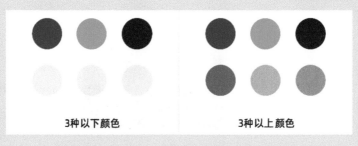

图 4-35

- 不用纯黑色和纯白色

PPT 默认的文字背景颜色是纯黑色和纯白色，用户习惯直接使用。但是，纯黑色和纯白色看久了会让人产生视觉疲劳。设计高手的做法是，在这两个颜色中混入一些其他颜色，让颜色看上去更加舒服，也显得更高级，如图 4-36 所示。

图 4-36

4.2.3　成为一名"偷色大师"

除对色彩特别敏感的大师外，一般不太建议用户自己调配颜色。那么，如何找到合适的色彩搭配方案呢？别忘了，大自然是天生的配色大师。我们可以从摄影图片上"偷取"颜色，应用到 PPT 制作中。

只要将图片插入幻灯片中，在属性设置区中找到【取色器】并单击，然后在图片上需要吸取颜色的位置单击，即可吸取相应的颜色，如图 4-37 所示。

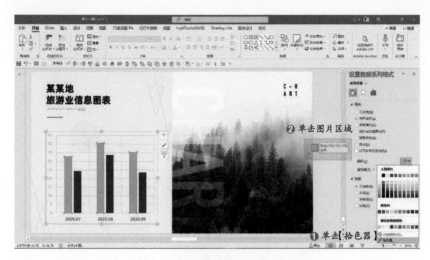

图 4-37

4.2.4 自定义配色，一秒切换配色方案

在 PPT 中逐个设置元素的颜色，操作烦琐又浪费时间。我们可以把颜色设置在主题中，在制作 PPT 时，新建的形状就会默认应用主题颜色。

只要在【设计】选项卡中单击【变体】下拉按钮，在打开的下拉列表中选择【颜色】→【自定义颜色】选项，在弹出的对话框中修改相应颜色色值即可，如图 4-38 所示。

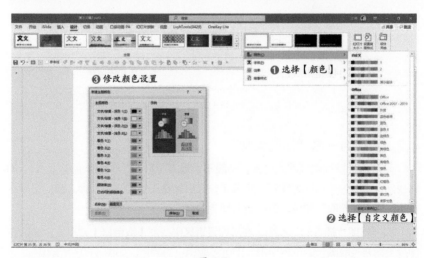

图 4-38

★ **小技巧**

如果需要更改颜色，只需要修改主题颜色就可以很轻松地将所有 PPT 页面的颜色统一替换。

4.3 图形美化：不再只会使用默认图形

4.3.1 形状蒙版：提升 PPT 设计感的利器

蒙版，顾名思义就是蒙在上面的板子，通常指 Photoshop 软件中的操作功能。在 PPT 中设置形状的颜色和透明度的渐变，有两种蒙版可以使用。

1. 过渡蒙版

在幻灯片中插入一张图片作为全图型的背景，如果直接将文字放上去，有时很难看清楚。这时，可以使用形状的半透明蒙版来降低背景图片对文字的干扰，从而更加清晰地呈现文字内容，如图 4-39 所示。

图 4-39

在遇到图片比例与幻灯片比例不符且图片又不适合裁切时，可以使用形状的渐变蒙版来调整图片，如图 4-40 所示。

图 4-40

小贴士

如何设置形状渐变蒙版？

只要把形状覆盖在空白区域和图片上，设置渐变光圈的透明度为 0% 和 100%，再调整渐变光圈滑块过渡的位置即可。

2. 颜色蒙版

在 PPT 中进行图片展示时，最好能够找到色调和风格一致的图片，确保整个 PPT 的风格统一。将颜色渐变蒙版覆盖在图片上，也能够让色调不统一的图片看起来较一致，如图 4-41 所示。

图 4-41

4.3.2　图形绘制，布尔运算和编辑顶点的 N 种玩法

学会使用 PPT 里面的图形绘制功能，可以帮助我们做出更美观的页面。

1. 布尔运算

在 PPT 中，布尔运算指的是将两个或两个以上的元素进行结合、组合、拆分、相交和剪除操作，如图 4-42 所示，从而得到一个完整的元素。这里的元素可以是形状、图片和文本框。

结合　　　　组合　　　　拆分　　　　相交　　　　剪除

图 4-42

1）结合

结合是将两个重叠或不重叠的元素合并成一个元素。例如，将四个圆形和一个矩形进行结合操作，可以得到一个云形状的元素，如图 4-43 所示。

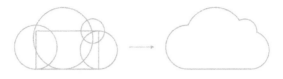

图 4-43

2）组合

组合是将两个元素的重叠部分减去，保留未重叠的部分，如图 4-44 所示。

图 4-44

3）拆分

拆分是将两个元素从重叠的部分拆开，变成多个独立的元素。将文本框和形状进行拆分，就可以得到单个元素形式的每个笔画，如图 4-45 所示。

图 4-45

4）相交

相交是对两个重叠的元素进行合并，保留重叠的部分。将文字与图片进行相交操作，可以得到用图片填充文字的效果，如图 4-46 所示。

FOREST

图 4-46

5）剪除

剪除是用第一个元素减第二个元素，保留第一个元素被剪除重叠的区域后剩下的部分，如图 4-47 所示。

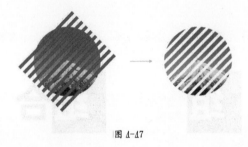

图 4-47

💡 小提醒

进行布尔运算后得到的元素会沿用第一个被选择的元素，因此在操作之前需要注意选择元素的先后顺序，才能制作出想要的结果。

2. 编辑顶点

形状的全称为可编辑形状，可编辑指的就是编辑顶点。编辑顶点可以说是 PPT 高手必备的图形绘制技能。我们看到幻灯片上有很多用布尔运算做不出来的形状，大概率就是用编辑顶点来实现的。

想要打开形状的编辑顶点功能，只要在形状上右击，在弹出的快捷菜单中选择【编辑顶点】选项，如图 4-48 所示。

选择【编辑顶点】选项后，形状会变成黑色顶点与红色描边的状态。在这个状态下，可以用鼠标移动黑色顶点的位置来改变形状，如图 4-49 所示。如果要取消编辑，单击幻灯片页面上的空白位置即可。

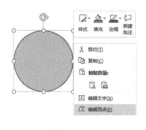

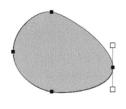

图 4-48　　　　　　　　　　　　　　　　图 4-49

　　在形状编辑状态下，可以在黑色顶点或红色描边位置上右击，在弹出的快捷菜单中选择相应的功能选项，如图 4-50 所示。

图 4-50

　　形状的编辑顶点功能还可以用来绘制各种矢量图形。如图 4-51 所示是用编辑顶点功能绘制的一辆汽车。

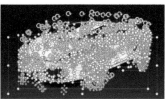

图 4-51

 小贴士

　　在 PPT 中画矢量图形的意义在于锻炼用户的动手能力，提高对编辑顶点功能的熟练掌握程度。在实际应用中，简单的图形可以在 PPT 中处理。若要绘制精细的图形，就需要用更加专业的绘图软件来制作。

4.4　图示美化：让图片和文字更具存在感

图示是将图片、图标和文字以一定的规律组合在一起的可视化表现形式。通常在幻灯片中被用来表示页面内容之间的逻辑关系或关联程度。作为幻灯片的核心内容，需要将图示处理得清晰与美观。本节将介绍如何进行图示的美化处理。

4.4.1　图示设计思路：再复杂的图示结构也能轻松拆解

图示是信息内容之间相互关联的可视化模型。我们在做演讲汇报时，有时需要将成段的文字进行关键词提炼，然后组成具有逻辑性的可视化图示结构，缩短观众的理解时间，从而达到快速传递演讲信息的目的。图 4-52 所示为 PPT 设计师学习段位金字塔。

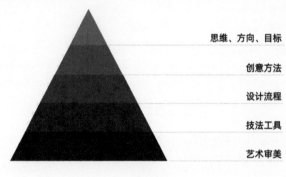

图 4-52

一个有逻辑关系的图示结构通常是由信息、关联和模型三部分组成的，如图 4-53 所示。

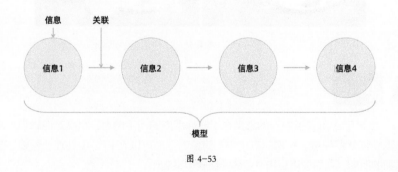

图 4-53

1. 信息

信息是指表达构成逻辑图示的主体内容，可以是文字、图标或图片。

2. 关联

关联是指表达各个信息之间的逻辑关系，需要根据对文案内容的理解判断是前后逻辑还是包含逻辑，抑或是其他逻辑关系，通常用线条或形状来表示。

3. 模型

模型是指表达信息之间与之关联构成的整体结构。

4.4.2 让你的 PPT 变得更特别，这 6 种图示关系必须掌握

PPT 中常用的图示结构无非就是并列关系、递进关系、对比关系、层级关系、总分关系和循环关系这 6 种，如图 4-54 所示。熟记这 6 种图示结构，可以帮助用户在制作 PPT 时快速套用。

图 4-54

4.5 图文美化：图片加文字，相辅相成的秘诀

如果幻灯片页面上只有文字，难免会让人觉得单调。为了让幻灯片上的文字更容易被理解，我们可以在页面上添加一些图片，并用一些设计手法让页面看起来更有场景感、更加美观。本节将讲解图片排版与设计的秘诀。

4.5.1 不会修图？让 PPT 来帮你处理图片素材

PPT 软件中有一些简单的图片编辑功能。如果不需要太复杂的图片效果，那

么这些功能应付日常的办公绰绰有余。

插入一张图片，在选中图片的状态下，功能区中会显示【图片格式】选项卡，这里面有几个功能是比较实用的，如图 4-55 所示的框选功能。

图 4-55

 小技巧

调整图片格式除可以在功能区中操作外，还可以在【设置图片格式】窗格的【图片】选项卡中进行更详细的设置，如图 4-56 所示。

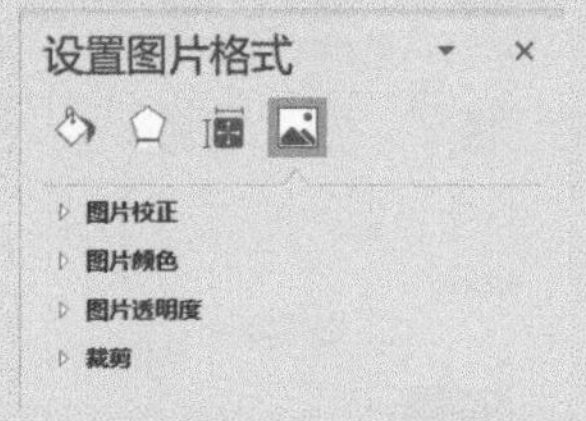

图 4-56

1. 校正

1）清晰度

图片的清晰度可以在 PPT 里做调整，但是只能微调，不能做大调整，如图 4-57 所示。

图 4-57

2）亮度

图片的亮度不够，可以通过修改亮度数值来调整图片的亮度，如图 4-58 所示。

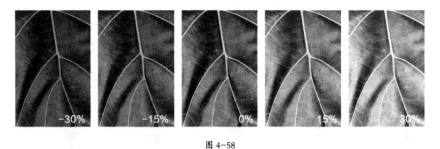

图 4-58

3）对比度

图片的对比度可以通过设置数值进行调整，如图 4-59 所示。

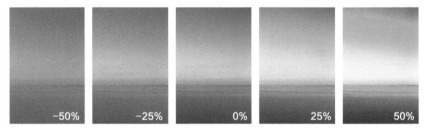

图 4-59

2. 颜色

1）饱和度

图片的颜色太鲜艳，可以把饱和度数值调小；反之，可以把饱和度数值调大，如图 4-60 所示。

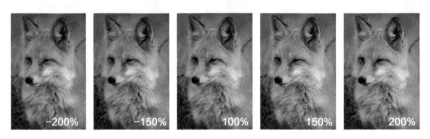

图 4-60

2）色调

色调有冷色调和暖色调两种，简单来说，图片看起来偏蓝就是冷色调，图片看起来偏黄就是暖色调，如图 4-61 所示。

图 4-61

> **小贴士**
>
> 有关颜色方面的内容，读者可参考第 4.2 节。

3. 艺术效果

在艺术效果方面，用户可以快速给图片添加特效。图 4-62 列举了 5 种效果类型，更多的效果类型可以在【艺术效果】下拉列表中找到。

图 4-62

4. 透明度

PPT 支持修改图片的透明度，可以运用图片的透明度效果来做幻灯片背景纹理，如图 4-63 所示。

铅笔灰度　　　　　　浅色屏幕　　　　　　正常　　　　　　玻璃　　　　　　图样

图 4-63

 小贴士

图片透明度功能在 Office 2019 及以上版本中才能使用。

4.5.2　图文展示，这些小技巧让你的图片设计更加出彩

在制作图文幻灯片页面时，可以适当地给图片设置一些特殊效果，让幻灯片展示更加生动、有趣。

1. 映像

给平铺展示的图片增加映像效果，可以模拟倒影，让图片看起来更加真实，如图 4-64 所示。

图 4-64

2. 阴影

将多张图片重叠，并给图片增加阴影效果，可以让图片更有空间感，如图4-65所示。

图 4-65

3. 三维旋转

图文展示还可以设置三维旋转效果，突破常规的平面展示能给人一种新鲜感，如图4-66 所示。

图 4-66

4.5.3 修饰与美化 PPT 中的 LOGO

在 PPT 汇报中，有时需要展示一些 LOGO。如果能找到可编辑的矢量

LOGO 文件肯定是最完美的方案，但是有时手头只有一些 LOGO 图片，甚至还是带白色背景的 LOGO 图片，这时就需要对 LOGO 图片稍作处理。

1. LOGO 图片去底色

把带白色底的 LOGO 图片放在有颜色的幻灯片背景上会显得很突兀，这时可以选中 LOGO 图片，在【图片格式】选项卡中单击【颜色】下拉按钮，在弹出的下拉列表中选择【设置透明色】选项，然后单击 LOGO 图片中的白色背景，就能够将白色背景去除，让 LOGO 图片融入 PPT 背景中，如图 4-67 所示。

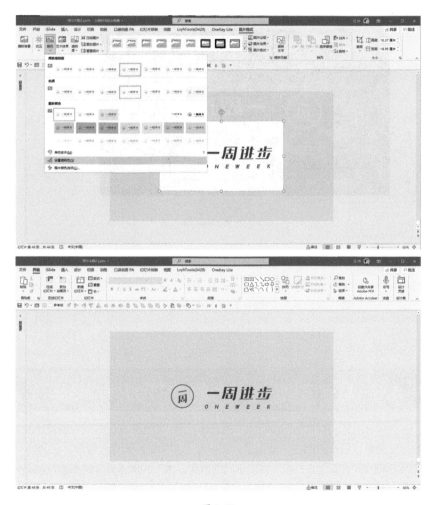

图 4-67

2. LOGO 反白处理

在深色背景中，可以将 LOGO 的颜色统一为白色，一方面能够让观众看清，另一方面当 LOGO 元素较多时也会更加统一。LOGO 反白的处理可以在属性设置区的【图片】选项卡中进行设置，找到【图片矫正】选项，将【亮度】调整为 100%，如图 4-68 所示。

图 4-68

 小贴士

LOGO 的应用还需要注意颜色不能乱改、比例不能失衡、背景要保持干净等。

4.6　背景美化：为优秀的 PPT 打好"地基"

为什么有的幻灯片明明没有太多的设计元素，看起来却比其他堆满设计元素的幻灯片要好看？原因在于使用了一张好看的图片作为幻灯片背景。在 PPT 中使用不同的背景美化方式可以得到不同的效果，本节与读者分享常用的背景美化套路。

4.6.1 全图展示型背景美化：哪些图片适合用来做背景

使用图片作为幻灯片背景需要注意一个问题：背景不能影响正文的内容呈现。通过图4-69所示的两页幻灯片可以明显看出，如果选取的背景过于复杂，就会影响内容的识别度，不利于信息阅读和传递。

 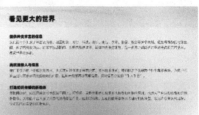

图4-69

因此，若要使用图片作为幻灯片背景，就要选用没有焦点且画面较为干净的图片，才能更好地将信息传递给观众。

4.6.2 元素修饰型背景美化：空间感与层次感

如果页面内容较为丰富，则不建议再用图片做背景。这时可以使用一些形状元素来修饰页面空白的地方。在图4-70中，将渐变的形状放在文字的下方，形成了有层次感的叠加效果。

图4-70

还可以找一些更有细节的素材图片放在幻灯片中，营造出一种空间感的视觉效果，如图4-71所示。

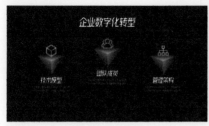

图 4-71

4.6.3　只需三步，做出一个酷炫图片墙

1. 用图片填充形状来创建图片墙

用图片填充形状可以做出简单的图片墙效果。在幻灯片中新建矩形并调整矩形的位置和比例，然后复制图片，单击形状后，在【设置图片格式】窗格中单击【图片或纹理填充】选项卡，在打开的选项区中勾选【将图片平铺为纹理】复选框即可，如图 4-72 所示。

图 4-72

2. 使用 Collagelt 软件自动生成图片墙

在制作图片墙时不想手动逐个调整，可以借助 Collagelt 软件自动生成图片墙。先选择图片墙预设模板，再将图片添加到软件中，输出为图片格式即可，如图 4-73 所示。

图 4-73

4.7　标题美化：好标题就要"惊艳"全场

标题是幻灯片不可缺少的基本元素，是演讲人想要传递给观众的核心观点。为了能够让标题在幻灯片中更加引人注目、具有设计感，读者需要掌握标题文字的设计方法。本节将介绍如何对标题进行处理。

4.7.1　文字特效大全：阴影、发光、3D 效果

1. 阴影

有时在幻灯片中添加一张图像内容复杂的背景图，往往会降低标题文字的识别度。这时可以给标题加上阴影效果，让标题从背景图像中独立出来，给人一种标题浮在背景图像上的感觉，如图 4-74 所示。

图 4-74

要设置标题的阴影效果，可以在【设置形状格式】窗格中单击【文本选项】中的第二个【效果】图标，然后打开【阴影】选项区，调整好阴影参数即可，如图 4-75 所示。

图 4-75

2. 发光

如果幻灯片的背景是一张有科技感的图片，那么可以给标题添加一些发光效果，让整体风格更加统一，标题也更加耐看，如图 4-76 所示。

图 4-76

要设置标题的发光效果，在【设置形状格式】窗格的【文本选项】中单击【效果】图标，然后打开【发光】选项区，调整好发光参数即可，如图 4-77 所示。

需要注意的是，这里的【透明度】选项一般建议调整到 80% 以上，【大小】数值也要超过 5 磅，这样发光效果才会更加自然。

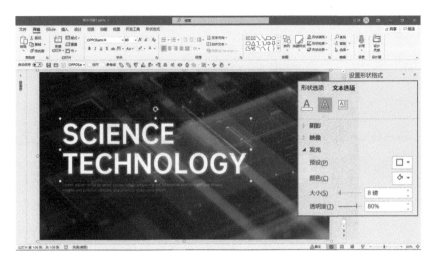

图 4-77

3. 3D 效果

文字的特效还有一种突破常规视角的设置方法，就是设置 3D 字体。PPT 软件本身自带的功能就可以设置 3D 字体。这种效果一般很少用到，不过偶尔用在演示场合会给人带来眼前一亮的效果，如图 4-78 所示。

图 4-78

设置 3D 字体效果，同样是在【设置形状格式】窗格中单击【文本选项】中的【效果】图标，设置 3D 字体效果要同时使用【三维格式】和【三维旋转】这两个功能，最基本的调整方式是给字体设置【深度】和【旋转】参数，如图 4-79 所示。

图 4-79

4.7.2　文字填充的巧妙玩法，酷炫效果轻松做

在日常 PPT 汇报中有时需要突出一些特定的数字，通常的做法是将数字整体放大到几乎铺满整个幻灯片，并且修改数字颜色，让数字更加突出，以此来达到具有视觉冲击力的效果，如图 4-80 所示。

数字的设置除调整颜色和渐变色外，还可以通过填充图片的方式让文字效果更加炫酷。比如，通读文字信息可以了解使用数字是想表达合作伙伴多的意思，那么可以给数字填充一张握手的图片，让幻灯片效果更有场景感，如图 4-81 所示。

图 4-80　　　　　　　　　　　　图 4-81

4.7.3　进阶标题设计：探索标题字体的复杂玩法

文字是一种图形符号。在标题字体上，可以运用一些图形化的效果让枯燥的文字更加生动。要做出这种效果，首先需要通过布尔运算将笔画转换成可编辑形状，然后使用一些恰当的图标元素来代替笔画。

比如在图 4-82 所示的页面中，主要标题文字是"书籍"，可以根据文字的意义找到类似书籍的图标元素，然后观察文字上哪些地方可以进行替换，同时又不会影响文字的识别性，例如用图标元素替换"籍"字中的"日"。

再举一个例子，将标题"洞察设计"四个字与生活中的"笔"联系起来，可以先找到一个笔的图标元素，通过观察发现文字中的"计"字有一个竖笔画能够被替换，而且不影响文字原有的识别效果，于是进行替换，如图 4-83 所示。

图 4-82　　　　　　　　　　　　　　　　图 4-83

4.7.4　复杂标题排版，好标题永远不止"一行"

标题的排版方式可以影响幻灯片封面的展示效果。标题设计的常规操作是给文字添加各种效果，而高手在标题的排版处理上往往更加细致，这其中就有一些设计上的门道，下面做简单的分析。

书法字体的标题效果很容易给人一种气势磅礴的感觉，但是缺少一些氛围感，如图 4-84 所示。

图 4-84

可以将这行标题的每个字拆分成一个文本框，然后依次调整文本框的大小和位置，摆放成两边文字大、中间文字小的效果，给人一种纵深的视觉感，如图 4-85所示。

还有一种调整方法，在将标题拆分成单个文本框之后，将文字排版成两行的形式，微调一下文字大小，使整体呈梯形形状。这样会让整个页面更加灵活多变，运用在与之相符的场景中会让人为之一震，如图 4-86 所示。

图 4-85 图 4-86

在文字不多的页面中，仅有一行标题往往看起来非常单调，即使加了背景图片也显得很空洞，如图 4-87 所示。

针对只有一行文字的页面，可以通过"无中生有"的技巧让页面显得不那么单调。例如，将标题文字翻译成英文并放进页面中，然后将英文字号放大，再分成三行排版，最后修改一下文字颜色作为点缀。相比之前的页面，显得不那么空洞了，如图 4-88 所示。

图 4-87 图 4-88

4.8　图表美化：字不如图，图不如表

图表的全称为信息图表，是数据或信息内容的可视化呈现形式。有时我们很难用文字来说明一些内容的变化、趋势等情况，用图表就可以轻松地表达我们想要传递的信息或观点。关于图表的美化技巧，本节将进行深入讲解。

4.8.1　高效做表，只需要掌握一个秘诀

无论是工作还是学习，都有很大概率接触到表格制作。表格是汇总数据的一种展示形式，它由一个个矩形的单元格组成。我们需要对其有一些基本的了解，才能进行美化。

1. 表格结构三要素

一个完整的表格结构包括表头、表体和表尾三部分，如图 4-89 所示。

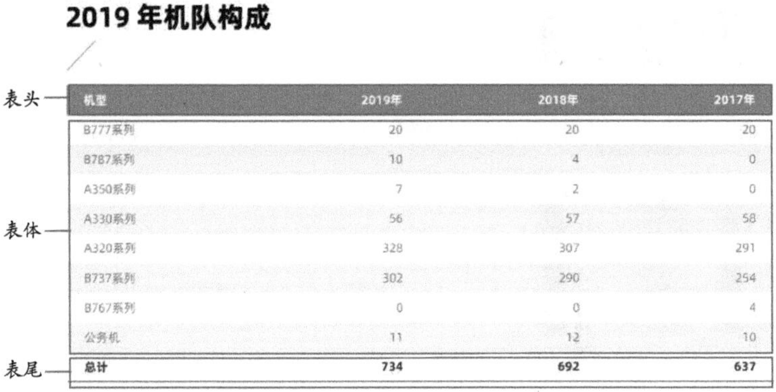

2019 年机队构成

机型	2019年	2018年	2017年
B777系列	20	20	20
B787系列	10	4	0
A350系列	7	2	0
A330系列	56	57	58
A320系列	328	307	291
B737系列	302	290	254
B767系列	0	0	4
公务机	11	12	10
总计	734	692	637

（表头指机型行；表体指 B777系列至公务机各行；表尾指总计行）

图 4-89

1）表头

表头指表格的标题，对整个表格的内容起到一个整体概括的作用，只阅读表头就能获取表格所讲的大致信息。

2）表体

表体指表格所承载的内容，具体信息可以是文字、图标、图片，甚至图表等。

3）表尾

表尾指汇总整个表格的统计信息。例如在财务数据中，表尾一般用来显示汇总金额。

有时制作的表格可能不需要汇总信息，所以表尾在表格结构里可以被忽略。

2. 表格设计四维度

因为表格本身包含的信息内容比较多，所以表格设计的目的应该是让观众更加清晰地看到数据内容本身，而不是本末倒置地添加过多的设计素材。关于表格美化，可以从以下 4 个维度进行操作。

1）层级明确

表格的层级结构要清晰明确，例如表头和表体之间可以用不同的底纹来区分，更容易让观众注意到关键信息，如图 4-90 所示。

某品牌微博互动表现
Interactive Performance Of A Brand's Microblog

品牌	转发量/万次	转发率	评论量/万次	评论率
巴黎欧莱雅	1639	97.2%	36.4	2.2%
汤臣倍健	1464	86.9%	31.8	1.9%
香奈儿	1223	72.6%	45.9	2.7%
养生堂	840	49.9%	24.4	1.4%
白袋鼠	779	46.2%	33.5	2.0%

图 4-90

2）间距合适

要调整好表格的行高和列宽，一般建议单元格中的文本左侧 / 上方留出 0.5~1 个字的距离，如图 4-91 所示。

3）对齐方式

表格中信息内容的对齐方式也有一定的讲究。表 4-1 是信息内容类型与对齐方式的汇总，方便读者查阅。

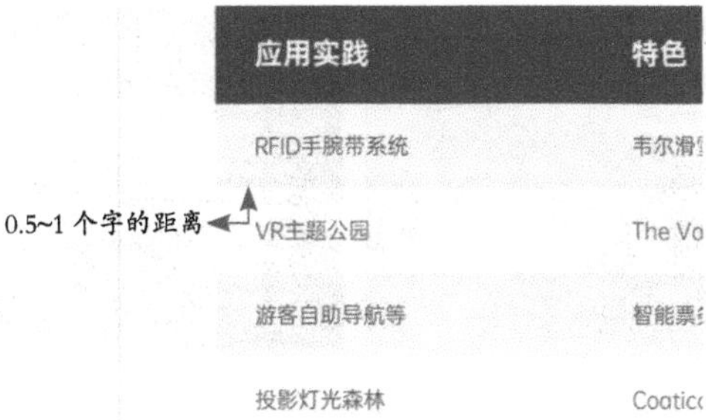

应用实践	特色
RFID手腕带系统	韦尔滑?
VR主题公园	The Vo
游客自助导航等	智能票?
投影灯光森林	Coatic?

0.5~1 个字的距离

图 4-91

表 4-1

内容类型	对齐方式	备注
文字、字母	左对齐	符合现代人的阅读习惯
数字	右对齐	更加直观地对比数据大小
数字、文字、字母混合	左对齐	降低阅读难度

4）调整排序

在表格中，表体的排序可以结合实际情况进行调整。例如，若表格中有排名先后的情况，就可以考虑采用降序的方式进行排列，更加方便观众进行对比。

4.8.2 正确使用图表，让你的演示汇报更有说服力

日常的 PPT 汇报大多是通过文字来表述观点和信息的，有些数据内容难以用文字来表述，需要借助数据图表来帮助观众理解。

正确使用图表的前提是有一个准确的标题。读者需要记住一点，图表标题应该是总结整个图表内容的结论，而不是简单地概括图表中有什么内容。

例如，在图 4-92 左边的幻灯片中，图表标题仅仅介绍了图片数据所展示的内容，观众需要仔细阅读图表并加以分析，才能知道图表数据要展示的是上海活跃用户数量比重最高，达到 19.8%，而在图 4-92 右边的幻灯片中，只阅读标题，观众就能知道图表数据想展示什么。

图表的使用有一些讲究。为了更准确地将要表达的观点传递给观众，选对图表比图表做得好看更关键。因此，在使用图表展示数据之前，应该明确自己想要传达什么样信息，才能让观众更快地理解图表的内容。

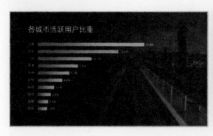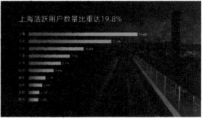

图 4-92

图表的类型基本上可以分为以下 4 类。

1. 比较关系

比较关系是图表中最常用的类型。当想展示数据之间的对比情况或排名情况时，可以使用比较关系的图表，如图 4-93 所示。

图 4-93

2. 构成关系

如果不需要精确表示数据的数值，而是想传达一种占比关系，例如市场份额、结构百分比之类的内容，就可以使用构成关系的图表，如图 4-94 所示。

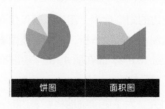

图 4-94

3. 分布关系

分布关系的图表一般用来展示一段时间内数据的变化趋势。当数据量较大时，可以使用分布关系的图表来展示，如图 4-95 所示。

4. 相关关系

相关关系的图表用得比较少，如图 4-96 所示。相关关系可以用来展示两个变量之间的关系，例如今年的产品销量随宣传成本的投入而增加的情况。

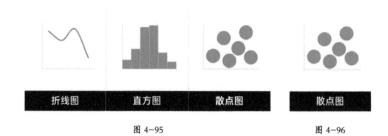

图 4-95　　　　　　　　　　　　　　　图 4-96

小贴士

PPT 中的内置图表虽然有很多，但是在实际使用中，读者大多只用到以下 4 种图表，如图 4-97 所示。

图 4-97

4.8.3　突破图表美化：基础图表的创意表达

正确使用图表后，下一步就能着手对其进行美化了。在日常 PPT 汇报中，读者接触最多的数据图表当属柱形图、折线图和饼图。学会这 3 种基本图表的美化方法，再通过改变思路和技巧延伸，就能对其他图表类型进行美化了。

1. 柱形图

想要美化柱形图，就需要了解【系列重叠】和【间隙宽度】两个选项的用法。打开属性设置区，单击数据系列，这时就可以在属性设置区中看到这两个选项了。

当有两个或两个以上的数据系列存在时，可以修改【系列重叠】选项的参数来调整数据系列之间的重叠程度，调整范围是 −100%~100%。如果将数值设置为 100%，如图 4-98 所示，则数据系列处于完全重叠的状态。

【间隙宽度】选项用于调整不同横坐标之间的数据系列间隔，调整范围是 0%~500%。

巧妙运用【系列重叠】和【间隙宽度】两个选项，可以做出具有创意的柱形图。单击图表，

图 4-98

然后在功能区中单击【编辑数据】按钮，在弹出的 Excel 表格中修改数据：将系列 1 的列数据全部设置为 100%，将系列 2 的列数据设置为 100% 以下的数值，最后将系列重叠的数值设置为 100%，即可得到图 4-99 所示的柱形图。

图 4-99

在 PPT 汇报中，需要根据想要传达的观点，对图表进行针对性的美化。比如，希望让观众看到这个图表中的最高值，就可以用颜色来做区分，将最高值的数据系列填充为蓝色，将其他数据系列填充为灰色，这样观众就可以非常直观地看到重点信息，如图 4-100 所示。

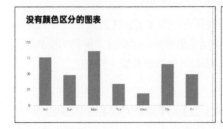
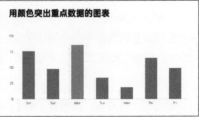

图 4-100

　　为了方便观众分辨数据在哪个数值区间，可以添加网格线作为视觉辅助，便于观众顺着纵坐标的数值对比数据系列之间的差异，如图 4-101 所示。

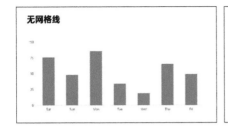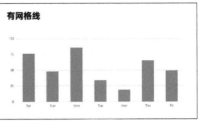

图 4-101

小贴士

　　在图表中添加网格线时，要注意网格线的颜色不能干扰图表的识别度，最好将网格线的透明度调整到 80% 左右。

　　如果觉得常规的图表展示没有创意，也可以给数据系列填充特殊图形，增强视觉效果。只需要新建一个三角形，按【Ctrl+C】快捷键复制，再选中数据系列并按【Ctrl+V】快捷键粘贴即可，如图 4-102 所示。

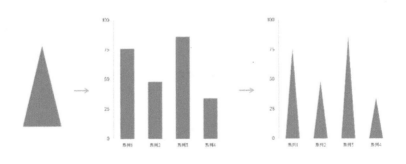

图 4-102

2. 折线图

　　在默认折线图样式中，数据点的连线比较生硬，可以选中折线，然后在属性设置区中勾选【平滑线】复选框，就可以让折线变得平滑，如图 4-103 所示。

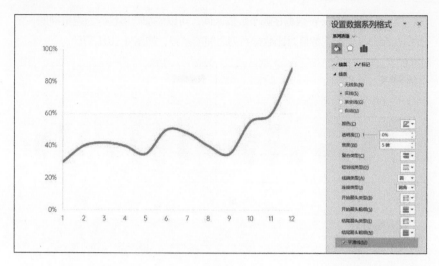

图 4-103

要突出显示折线图中的每个数据点，可以选中折线，在属性设置区中找到【标记选项】选项区，选中【内置】单选按钮，然后在【类型】下拉列表中选择要展示的形状类型，最后设置标记的大小数值即可，如图 4-104 所示。

这里以圆形标记为例，给读者展示添加了标记后的折线图效果，如图 4-105 所示。

图 4-104

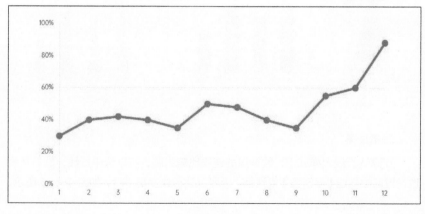

图 4-105

另外，还可以将数据标记填充成图片形式，做出图 4-106 所示的案例效果。

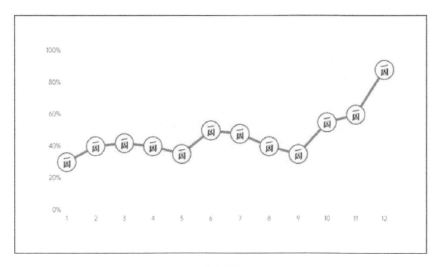

图 4-106

假如读者这个月的工作业绩一般，在向领导展示业绩数据时，如何让数据显得变化很大呢？

很简单，可以修改折线图的纵坐标数值，让折线图的变化趋势看起来好像飞速增长一般。在图 4-107 中，两张幻灯片的图表数据虽然是一样的，但是因为纵坐标数值不同，所以呈现出来的效果竟然如此之大。

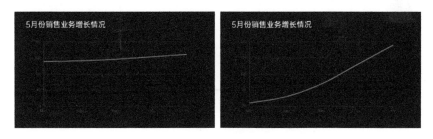

图 4-107

操作方法是，选中纵坐标，在属性设置区的【坐标轴选项】选项区中修改边界值和单位大小即可，如图 4-108 所示。

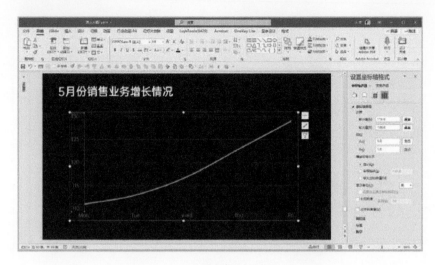

图 4-108

3. 饼图

美化饼图需要注意每个扇区颜色的使用，既要让扇区区分明显，又不能用太突兀的颜色。关于色彩搭配，可以参考本书第 4.2 节的内容。

饼图第一扇区的起始角度默认为时钟 12 点的位置。当然，也可以在饼图的属性设置区中修改第一扇区的起始角度，如图 4-109 所示。

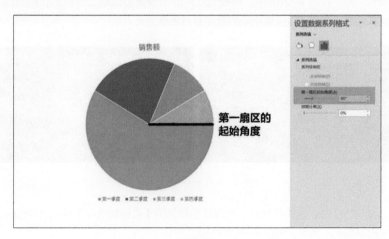

图 4-109

除可以修改饼图第一扇区的起始角度外，还可以修改饼图的图表类型。在

【图表设计】选项卡中，单击【更改图表类型】按钮，在打开的对话框中可以将饼图替换成圆环图，如图 4-110 所示。

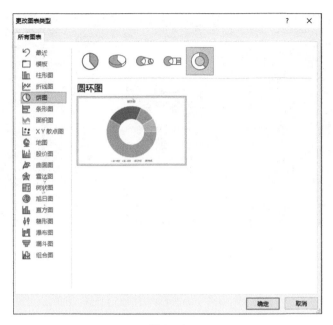

图 4-110

　　圆环图的属性设置功能跟饼图的属性设置功能基本一致，唯一不同的地方是多了一个设置圆环大小的选项，修改这个选项的数值，可以改变圆环图扇区的面积大小，如图 4-111 所示。

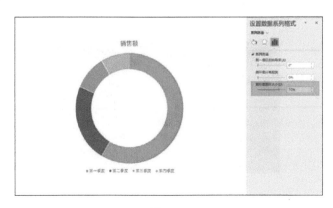

图 4-111

美化圆环图需要用不同的颜色区分扇区，并标注数据标签。也可以像图4-112所示的案例一样，做成有层次感的图表样式。

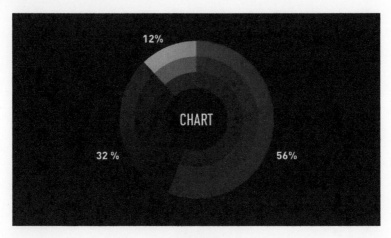

图 4-112

想要制作出有层次感的圆环图，只需要进行两个步骤的操作。

（1）在【图表设计】选项卡中单击【编辑数据】按钮，把原始数据复制两份，这时就能让圆环图变成三层的样式。

（2）修改圆环图的颜色，并给中间层和内层的圆环图添加透明度，做出梯度变化的样式，如图 4-113 所示。

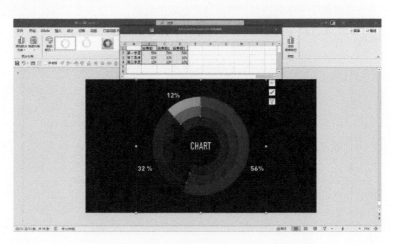

图 4-113

4.8.4 突破图表美化：组合图表的高级应用

有时，我们希望通过数据图表来展示数据的多种情况。例如，希望一张图表中同时有比较关系和分布关系，这时仅仅通过一种图表类型来展示比较困难。

因此，我们需要使用组合图表来传递要展示的数据信息。

以新建图表的形式插入组合图表，或者当原图表中有两份数据时，通过更改图表类型进行替换，只需要选择适当的图表类型即可。

新建组合图表之后，所有数据都会统一使用一套坐标轴。如果多组数据之间相差较大，则可能导致最终的图表展示不太直观。这时，可以在【更改图表类型】对话框中勾选【次坐标轴】复选框来调整图表的显示情况，如图 4-114 所示。

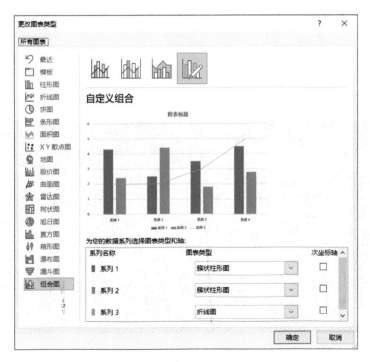

图 4-114

PPT 中的内置图表类型都可以做成组合图表形式，下面介绍两种常用的图表类型。

针对柱形图和折线图的组合图表，可以灵活使用图片填充并调整数据标记，做成图 4-115 所示的创意图表形式。

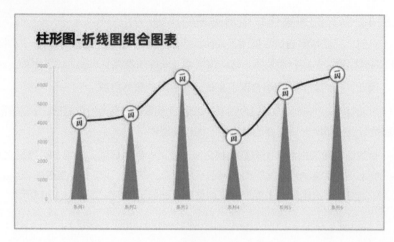

图 4-115

针对折线图和面积图的组合图表，可以运用填充与线条的渐变，做成图 4-116 所示的具有科技感的图表形式。

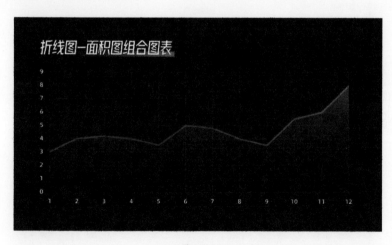

图 4-116

第5章

动画篇：让你的 PPT "动" 起来

5.1 动画基础：将一套 PPT 想象成一部话剧

一部话剧中有很多演员，每个演员都有他们专属的上场时间、方位和动作。话剧的导演负责每个演员的调度和剧情设计，让整部话剧富有戏剧张力。而在 PPT 中，用户作为设计者，就是话剧的"导演"；在 PPT 中所使用的元素，就是话剧的"演员"。

5.1.1 切换动画基础：PPT 间的过渡效果

一部话剧由多幕不同的舞台组成，每一幕舞台的切换需要进行非常精细的考量，才能让观众有沉浸感。

一张幻灯片就等同于话剧中的一幕舞台，在切换幻灯片时，同样需要找到合适的切换动画，让观众紧跟叙事节奏。

1. 切换

单击【切换】选项卡，会显示很多幻灯片的切换效果，可分为细微、华丽和动态内容 3 种类型，如图 5-1 所示。

图 5-1

2. 细微

细微类型的切换动画以淡入 / 淡出、推入、擦除等较为平和的切换动画方式为主，如图 5-2 所示。细微类型的切换动画温和、不喧宾夺主，能够让观众一直聚焦在内容上，适合在工作汇报、项目总结等商务场合中使用。

图 5-2

3. 华丽

华丽类型的切换动画以跌落、折断、涡流、蜂巢等具有酷炫创意的切换动画方式为主，如图 5-3 所示。华丽类型的切换动画在播放时视觉效果极佳，容易唤醒走神的观众，吸引观众的目光，比较适合在发布会、广告提案等以视觉为主的场合中使用。

图 5-3

4. 动态内容

动态内容类型的切换动画有平移、窗口、轨道等，如图 5-4 所示。

图 5-4

将动态内容类型的切换动画应用在两张背景元素一样的幻灯片之间，背景元素不会应用切换动画，这两张幻灯片上的其他元素会应用切换动画。应用该类型切换动画的优势是，幻灯片切换时页面割裂感减弱。图 5-5 为应用动态内容类型中的【平移】切换动画效果，图 5-6 为应用细微类型中的【推入】切换动画效果。很明显，应用动态内容类型中的切换效果更好。

图 5-5   图 5-6

以上是 PPT 中常见的 3 种类型的动画，在当前 PPT 页面上选择效果即可添加。

小贴士

- 添加的切换动画位于当前幻灯片与上一张幻灯片之间，用户注意添加顺序。
- 在【效果选项】下拉列表中，可以对当前应用的切换效果进行修改，不同的切换效果有不同的样式可供修改，如图 5-7 所示。
- 在【持续时间】数值框中输入一个数值，可调整幻灯片切换效果的播放时间，如图 5-8 所示。

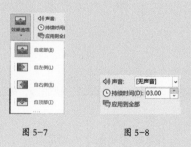

图 5-7   图 5-8

小技巧

- 如何让页面自动切换？只需要选择任意一个切换效果，然后取消勾选【单击鼠标时】复选框，再勾选【设置自动换片时间】复选框并在其后的数值框中输入指定数值，就能按照指定时间自动切换，如图 5-9 所示。

- 如需预览切换效果，可在大纲视图的预览视图中，单击当前页面左上角的小星星图标，如图 5-10 所示。

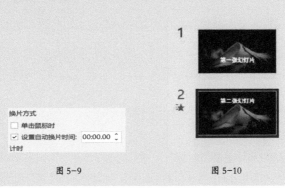

图 5-9　　　　　　　　　　　　图 5-10

5.1.2　动画三板斧：进入、强调、退出

如果将幻灯片中的元素想象成演员，那么接下来介绍它们的上场、退场及在舞台上的各种动作，也就是【动画】选项卡中的三大类别：进入动画、强调动画、退出动画。

选中幻灯片中的一个元素后，单击【动画】选项卡右侧的下拉按钮，在打开的下拉列表中可以看到 4 种动画类型，共 51 种常用动画，如图 5-11 所示。

单击任意一个动画，元素即可添加动画效果。在 4 种动画类型中，常用的有以下 3 种。

1. 进入动画

进入动画用绿色图标表示，实际效果是赋予元素在舞台上从无到有的过程，也就是一名演员从幕后登上舞台的过程。在【动画】下拉列表中只能看到 13 种进入动画效果，选择【更多进入效果】选项后会弹出【更改进入效果】对话框，显示完整的 40 种进入动画效果，如图 5-12 所示。

图 5-11　　　　　　　　　　　　　图 5-12

2. 强调动画

强调动画可以看作是演员在舞台上专有的动作表演，用来吸引观众的目光。比如，在播放 PPT 时可以让图 5-13 所示的 5 个圆形中间的圆形颜色变红，效果如图 5-14 所示。

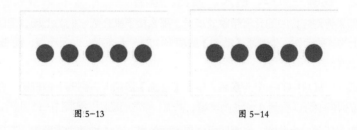

图 5-13　　　　　　　　　　图 5-14

【动画】下拉列表中共有 19 种常见的强调动画效果，用黄色图标表示，比如放大／缩小、跷跷板、陀螺旋等，如图 5-15 所示。

图 5-15

需要注意的是，名称中间有英文字母"A""B"的动画效果在选定的对象元素是形状和图片时不可用，因为它们是专属于文本框的特殊文字强调动画，需要选中文本框才可以使用。

选择【动画】下拉列表中的【更多强调效果】选项，会弹出【更改强调效果】对话框，其中有 24 种强调动画效果，如图 5-16 所示。

图 5-16

3. 退出动画

退出动画指一个对象元素从有到无的消失过程，好比舞台上的演员谢幕的过程。退出动画在【动画】下拉列表中用红色图标表示，列出了 13 种常见的退出动画效果，如图 5-17 所示。

图 5-17

同样，选择【动画】下拉列表中的【更多退出效果】选项，弹出【更改退出效果】对话框，会显示 40 种退出动画效果，如图 5-18 所示。

进入动画和退出动画都有 40 种效果，且呈现一一对应的关系。有一个进入动画，就有一个完全相反的退出动画，比如"飞入"与"飞出"、"切入"与"切出"。

图 5-18

- 在【效果选项】下拉列表中，可以对当前应用的动画效果的样式进行修改，不同的切换效果有不同的样式可供修改，比如方向，位置等，如图 5-19 所示。
- 在【持续时间】数值框中输入一个数值，就可以调整动画效果的播放时间，如图 5-20 所示。

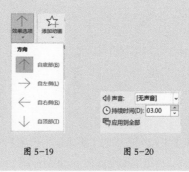

图 5-19   图 5-20

5.1.3 路径动画：定制元素的移动效果

本节介绍动画的第 4 种类型——路径动画。为什么不将 4 种动画类型放在一起讲？因为路径动画是强调动的一种特殊表现形式。下面读者还是把自己想象成话剧的导演，之前通过进入动画、强调动画和退出动画规划好了演员的上场方式、动作和谢幕的方式，还缺少位置和移动路径。注意，根据不同的时间点和剧情，演员应该有不同的位置及移动路径。

1. 动作路径

【动画】下拉列表中的动作路径有 6 种，均用线条表示。

单击任意一个动作路径，元素就会依照默认路线运动。比如选择直线路径，元素默认自上向下运动，如图 5-21 所示。

选择弧形路径，元素默认自左向右进行曲线运动，如图 5-22 所示。

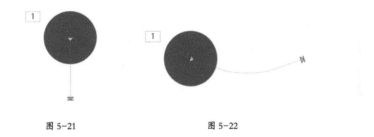

图 5-21　　　　　　　　　　图 5-22

在【动画】下拉列表中选择【其他动作路径】选项，会弹出【更改动作路径】对话框，显示 63 种不同的路径动画，种类非常丰富，如图 5-23 所示。

图 5-23

除常见的路径动画外，还有一些适合专业人士使用的路径动画效果，比如正弦波、心跳、中子等。

2. 更改路径动画的起始位置和终点位置

添加路径动画后，元素上会显示一个带绿色控点和红色控点的线段，绿色代表开始，红色代表结束。可以通过修改控点来调整起始位置和终点位置，如图 5-24 所示。

图 5-24

★ 小技巧

元素本身所在的位置可以和路径动画的起始位置不同，并不需要统一，如图 5-25 所示。

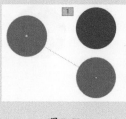

图 5-25

3. 自定义路径

若想自己设计元素运动的路线，可以选择路径动画中的【自定义路径】选项。

选择【自定义路径】选项后，鼠标指针会变成十字架形状，这时可以在操作界面上绘制线段来确定运动路线。在确定好终点位置后，按键盘上的【Enter】键，即可生成自定义路径，如图 5-26 所示。

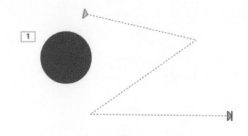

图 5-26

⭐ **小技巧**

自定义路径可以是弯曲的吗？

可以。有两种方法绘制弯曲的自定义路径。

方法 1：右击已经生成的路径，在弹出的快捷菜单中选择【编辑顶点】选项，如图 5-27 所示。进入图形编辑状态，调整每个顶点的白色控点，直到调整为曲线，如图 5-28 所示。

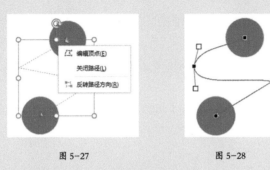

图 5-27　　　　　　　　　图 5-28

方法 2：在绘制路径之前，单击【效果选项】下拉按钮，在打开的下拉列表中选择【曲线】或【自由曲线】选项，如图 5-29 所示。这时无论怎样绘制，路径都是曲线，如图 5-30 所示。

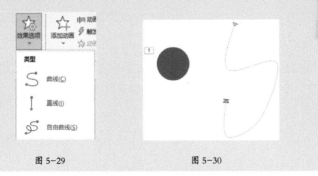

图 5-29　　　　　　　图 5-30

5.2　动画节奏与效果：让演员在舞台上按照规定表演

本书第 5.1 节讲过，不同的动画类型对应着舞台上演员的不同动作：进入动画是演员上场时的动作,强调动画是演员在舞台上的专有动作,退出动画是演员谢幕时的动作,路径动画是舞台上演员的位置移动动作。前文已经做了区分和概念性讲述,本节讲解遗漏的一个关键要素——动画的节奏。

当舞台上有很多演员时,他们的动作一定有规定的时间和节奏。

一旦一个演员的动作没有在正确的时间做,那么故事的合理性就会大打折扣,剧情就不成立。在 PPT 中也是如此。

5.2.1 【动画】窗格

一旦在一个页面中有多个元素需要同时赋予动画,那么调整动画的时间和节奏就是一个非常大的工程,为了减少工作量,【动画】窗格就派上用场了。

假如 PPT 页面中有 3 个圆形对象都被赋予了【飞入】进入动画,怎样调整节奏和时间呢?

可以在【动画】选项卡中单击【动画窗格】按钮,如图 5-31 所示。这时会打开【动画】窗格,如图 5-32 所示。

图 5-31   图 5-32

1. 调整动画的播放时间

【动画】窗格中的绿色滑块和元素的动画呈现一一对应,可以用鼠标拖动绿色滑块将其拉长,这时动画的播放时间也会延长。同理,将绿色滑块缩短,动画的播放时间也会缩短,如图 5-33 所示。

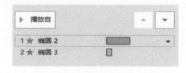

图 5-33

2. 调整动画的播放节奏

将鼠标指针放在滑块上并右击,在弹出的快捷菜单中有 3 种动画播放的控制方式，如图 5-34 所示。

- 单击开始：在放映幻灯片时，需要单击鼠标才能够播放，绿色滑块前面的数字表示第几次单击，如图 5-35 所示。

图 5-34　　　　　　　　　　图 5-35

- 从上一项开始：在放映幻灯片时，跟随上一个动画一起播放当前动画，如图 5-36 所示。
- 从上一项之后开始：在放映幻灯片时，上一个动画播放完毕之后才能播放当前动画，如图 5-37 所示。

图 5-36　　　　　　　　　　图 5-37

★ **小技巧**

- 前面介绍的几种播放方式都需要通过鼠标单击实现，即第一个绿色滑块之前都有数字 1。如果想让当前 PPT 页面中的动画全部自动播放，可以将当前页面的所有动画全部设置为【从上一项开始】，这时【动画】窗格中动画的绿色滑块左侧对齐，且第一个动画前的数字为 0，如图 5-38 所示。
- 如果动画播放时间太短，就会导致看不清绿色的滑块，可通过调整【动画】窗格左下角的单位进行时间的延长和缩短，如图 5-39 所示。

图 5-38　　　　　　　　　　图 5-39

5.2.2　【效果选项】

【动画】窗格用于控制动画整体的时间和节奏，而对于单个动画的动画效果设置，就需要使用【效果选项】了。在绿色滑块上右击，在弹出的快捷菜单中选择【效果选项】选项（如图 5-40 所示），在打开的对话框中就可以进行该动画的效果设置，如图 5-41 所示。

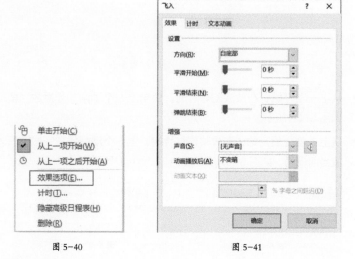

图 5-40　　　　　　　　　　图 5-41

1. 方向设置

PPT 中的部分动画允许修改运动时的方向，可以在【方向】下拉列表中进行选择，如图 5-42 所示。

2. 动画运动模式调整

PPT 中的部分动画拥有此功能，如飞入、飞出、陀螺旋、路径动画等，通过对功能参数进行调整，可以让动画的播放效果更加自然与合理。

以飞入动画为例，在选择【效果选项】选项后，打开【飞入】对话框，有 3 种运动模式可供调整，如图 5-43 所示。

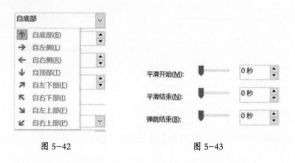

图 5-42　　　　　　　　　图 5-43

- 平滑开始：可以让动画从完全静止到运动有一个自然加速的过程，时间数值设置得越大，加速时间越久。
- 平滑结束：可以让动画从运动到完全静止有一个自然减速的过程，时间数值设置得越大，减速时间越久。
- 弹跳结束：可以让动画以弹跳的方式结束运动，时间数值设置得越大，弹跳越久。

★ **小技巧**

合理运用【平滑开始】和【平滑结束】选项能让动画运动更加自然。

3. 动画声音设置

在【声音】下拉列表框中选择一个动画音效，在播放动画时就会发出声音，如图 5-44 所示。

【声音】选项有爆炸、打字机、风铃、疾驰等，如图 5-45 所示。

图 5-44　　　　　　　　图 5-45

★ **小技巧**

动画声音效果要谨慎使用，容易影响演示效果。

4. 计时

除前文讲述的 3 种不同的动画播放设置外，在动画的效果选项对话框中，【计时】选项卡中的【重复】下拉列表框用于设置动画重复的次数，如图 5-46 所示。

【重复】：可在其下拉列表中选择一个选项或输入一个数值，动画会按照设定重复播放。比如输入数值 5，动画就会播放 5 次，如图 5-47 所示。

图 5-46   图 5-47

【直到下一次单击】：在【重复】下拉列表中选择该选项，如图 5-48 所示，如果在播放 PPT 时不单击鼠标，那么动画就不会停止，直到用户单击鼠标。

【直到幻灯片末尾】：在【重复】下拉列表中选择该选项，如图 5-49 所示，动画会一直重复，直到幻灯片换页。

图 5-48   图 5-49

★ 小技巧

选择【直到下一次单击】或【直到幻灯片末尾】选项时，【动画】窗格中的小滑块会变成箭头并且一直向右无限延伸，如图 5-50 所示。

图 5-50

5.3　组合动画：动画高手必备秘诀

了解了动画的时间和节奏后，读者可能想追求更加独特的动画效果，甚至自己设计动画，这时组合动画就是最好的帮手。

5.3.1　什么是组合动画

组合动画就是可以同时给一个元素赋予两种或两种以上的动画，如图 5-51 所示。组合动画组合无限，创意无限。

图 5-51

比如，想设计一个边旋转边飞入的动画，就可以将飞入动画和陀螺旋动画进行组合。

5.3.2　给一个元素添加多个动画

先选择一个元素，然后单击【动画】选项卡中的【添加动画】下拉按钮，在打开的下拉列表中选择相应的动画类型就可以了，如图 5-52 所示。此时，【动画】窗格如图 5-53 所示。

图 5-52

图 5-53

注意，千万不能从【动画】下拉列表框中选择动画类型，会覆盖原动画，如图 5-54 所示。

图 5-54

5.3.3　让一个元素的多个动画同时播放

想让一个元素的多个动画同时播放，需要满足两个条件。

- 播放时间必须一致。播放开始模式必须是【从上一项开始】，并且起始时间一致、播放时长一致，如图 5-55 所示。

图 5-55

- 动画不能互斥。两个动画必须合理共存，例如消失动画和出现动画无法同时播放。

5.3.4　组合动画实战 1：旋转齿轮动画

设计一个从左边往画面中间旋转进入的齿轮动画，如图 5-56 所示。

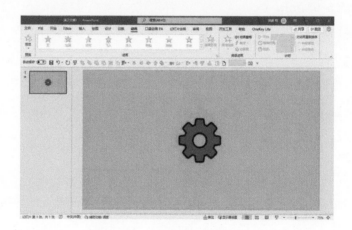

图 5-56

1. 思考方案

这样的动画该怎样去完成？有什么样的组合方案？

组合方案 1：回旋 + 飞入

简单尝试之后发现，回旋动画有一个从小到大的效果，不是我们需要的，而且没有办法控制回旋的播放圈数和速度，所以这个方案不可行。

组合方案 2：陀螺旋 + 飞入

这个方案尝试之后有些瑕疵，需要精细调整，如图 5-57 所示。

图 5-57

2. 优化动画时间和效果

首先调整动画的时间，将全部动画的时间设置成【从上一项开始】，如图 5-58 所示。

然后将全部动画的播放时间设置成 2 秒，并将滑块对齐，如图 5-59 所示。

图 5-58

图 5-59

这样动画就满足了同时播放的要求，但测试之后发现还需要调整动画方向和效果。接下来将【飞入】动画的【效果选项】设置为【自左侧】，如图 5-60 所示。

这时动画效果与要求的效果比较接近了，但齿轮动画会突然停下来，非常不自然。调整【飞入】动画的【效果选项】，将【平滑结束】滑块拖到最右侧，如图 5-61 所示。

预览一下，【飞入】动画变得自然平滑且有了减速过程，但陀螺旋动画最后 0.5 秒一直在空转，显得不自然。于是，调整陀螺旋动画的【效果选项】，将【平滑结束】滑块拖到最右侧，如图 5-62 所示。

图 5-60

图 5-61   图 5-62

最终预览一下动画，效果实现了！

5.3.5　组合动画实战 2：树叶飘落动画

想要得到秋天树叶飘落的效果，该如何实现？如图 5-63 所示。

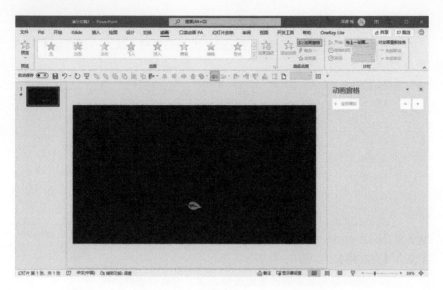

图 5-63

1. 思考方案

还是先思考，这样的动画该怎样去完成？有什么样的组合方案？

通过制作上一个案例之后可以发现，采用路径动画＋陀螺旋＋旋转的方案来实现是可行的。

2. 绘制合理的路径动画

选择【自定义路径】（如图 5-64 所示），然后在【效果选项】下拉列表中选择【自由曲线】（如图 5-65 所示），在页面上绘制一个 S 型的树叶飘落的路径，如图 5-66 所示。

图 5-64   图 5-65

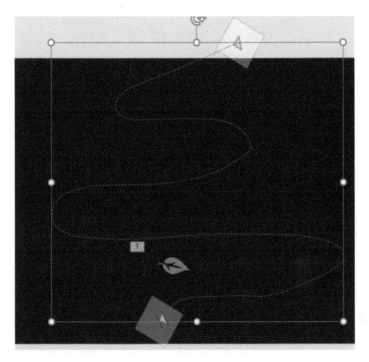

图 5-66

3. 添加其余的动画

为树叶添加陀螺旋和旋转两个动画，如图 5-67 所示。

图 5-67

4. 统一动画时间和节奏

将 3 个动画的播放时间都设置为【从上一项开始】（如图 5-68 所示），并且它们的播放时长要统一设置为 2 秒，保证滑块对齐，如图 5-69 所示。

预览时发现动画的播放速度有点快且动画不太自然，需要进一步调整。

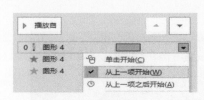

图 5-68　　　　　　　　　　　　图 5-69

5. 统一动画效果

将所有动画的【持续时间】调整成为 5 秒，如图 5-70 所示，比较符合秋天树叶缓慢飘落的景象。

将路径动画的【平滑结束】选项设置为 5 秒，使树叶自然减速，如图 5-71 所示。

图 5-70

同理，为了避免空转，需要将陀螺旋动画的【平滑结束】选项设置为 5 秒，并调整旋转【数量】为【2 周】或【720° 顺时针】，如图 5-72 所示。

图 5-71　　　　　　　　　　　图 5-72

至此，动画效果就设置完成了，这时的【动画窗格】如图 5-73 所示。

图 5-73

第6章

模板篇：他山之石，可以攻玉

6.1 怎样"用好"PPT 模板

对于模板素材，很多职场人多多少少有一些"选择困难症"，可能文件夹里存放了很多模板却从未使用过，或者不知道如何使用，甚至觉得套模板还不如自己做，这是什么原因呢？

其实模板设计师和使用者之间存在信息差异，设计师无法一对一设计，所以模板存在实用性不强的情况。如此看来，模板不在多、不在美，而在于适合自己，高效套用模板更是提升工作效率的关键技能。

6.1.1 模板为什么好用

在浏览模板网站时不难发现，一套模板有 10~30 页，每一页的版式都不尽相同，设计者会根据主题进行内容页的延伸以适应使用场景的需求，所以一般情况下页面种类是够用的，而且页面中的大标题、小标题、正文、图片素材等都进行了明示，下载后直接将内容替换即可。如果在搜索模板时找到了合适的主题与风格，那么内容替换起来就更容易了。

对于劳碌的人们来说，使用模板省去了美化、设计的时间，让我们能专注于内容并且快速获得成果，尤其对于设计、排版不太擅长的读者来说，模板是职场上提高效率的好帮手。

6.1.2 去哪里获取优质模板

现阶段网络自媒体发展迅速，很多 PPT 设计者在不同的网站上分享模板资源，读者如果有熟悉且方便的获取途径，完全可以"拿"来使用。如果读者正在为找到好模板而发愁，表 6-1 是笔者整理的优质模板网站的详细信息，可以帮助读者解决这个难题。

表 6-1

网站名称	特点
PPTSTORE	一个主要提供 PPT 模板素材的网站，付费作品居多。设计师主要来自国内，水平较高，与一般工作型 PPT 相比更具设计感，版式灵活，风格多样
OfficePLUS	微软官方的模板平台，不仅有大量免费的 PPT 模板，还有 Word 简历、Excel 财务报表等工作中常用的素材，如果读者用的是 Microsoft 365 版本，可直接在新建文件的过程中使用其自带的联机模板资源，非常方便

续表

网站名称	特点
演界网	一个提供 PPT 模板和矢量素材的网站，有大量免费的作品可供下载，质量中上，可以满足一般工作的需求
稻壳儿	一个可提供 PPT、表格、文档、简历等模板素材的网站，是 WPS 旗下的交易平台，PPT 模板大多需要注册会员才能下载，也有少部分免费
千库网	一个主要提供 PPT 模板、Word 文档、手抄报、Excel 表格的资源网站，需要注册会员才能下载
创客贴	除常规的 PPT 模板外，还有海报、印刷物料、视频模板等，不仅是资源下载网站，还可为想要设计模板的设计师提供制作、销售的渠道
iSlide365	拥有超多高质量模板，开通会员后可以直接从插件中下载
premast	国外高质量收费模板商城，有很多质量很好的图表、图示，还提供部分免费模板下载
叮当设计	可免费下载 PPT 模板，还有 Photoshop 设计素材资源、矢量图、图标及 PPT 教程分享
优品 PPT	免费 PPT 模板下载网站，模板数量比较多，还有 PPT 背景、图表、素材、字体等可供下载，也收录了一些与 PPT 相关的教程

可以挑选自己喜欢的网站，在下载模板之前要知道需要的模板类型，目前网站中的 PPT 模板资源丰富，如果没有目的地下载很容易造成浪费，所以在清楚自己的需求后再去找合适的模板。

资源网站对 PPT 模板的分类大致有两种：第一种按使用场景分类，比如汇报、招聘、企业介绍等；第二种按风格分类，比如小清新、欧美、商务、插画等。读者要对自己的汇报内容进行场景归类，在搜索栏中输入关键词，例如"年终总结"，然后根据自己喜欢的风格输入第二个关键词，例如"商务风"，这样就可以很快地完成搜索了！

如果对 PPT 模板的风格并不是很了解，可以在网站上将每一种风格的作品大致浏览一下，再根据汇报的场景和领导的要求或项目的调性进行匹配。

6.1.3　正确套模板的姿势

套用模板虽然方便，但是在使用时会存在一些问题，比如页面上装饰性元素很多，真正留给正文的空间很小，但这里要填充很多内容，该怎么办？或者将文字内容改了之后发现字体改变了，整个页面没有原来那么好看了。还有，模板中很多页面的标题虽然合适，但自己并不需要，动手改很容易越做越丑，一不小心，套模板从高效变成了低效。

相信很多读者都遇到过以上这些情况，不必太担心，因为每个用户都有自己的特殊案例，设计者更多的是把控页面整体的协调和美观，内容上当然做不到量身定制，所以就需要用户掌握正确套用模板的方法，让模板真正成为职场中的好帮手。下面介绍套用模板的操作步骤。

（1）将汇报内容按照标题、副标题、正文、图片素材这 4 部分整理到 PPT 中，不需要做任何设计，使其在逻辑和内容上合理即可，如图 6-1~ 图 6-3 所示。

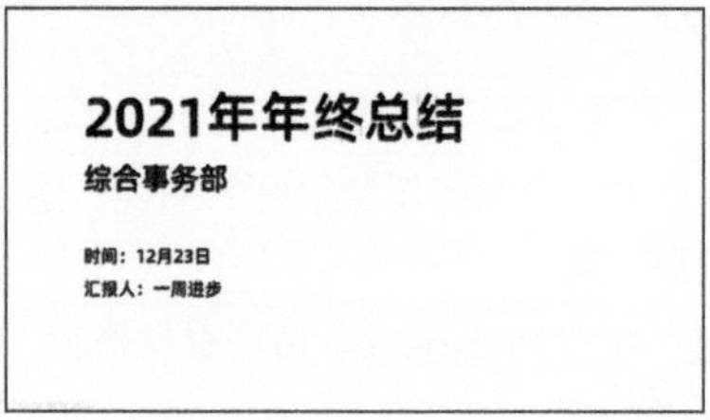

图 6-1

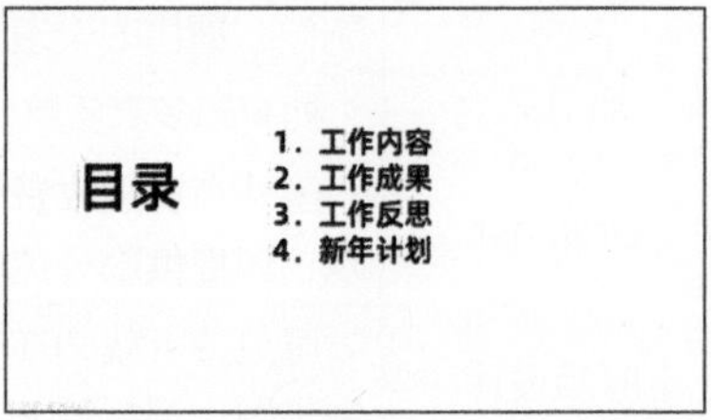

图 6-2

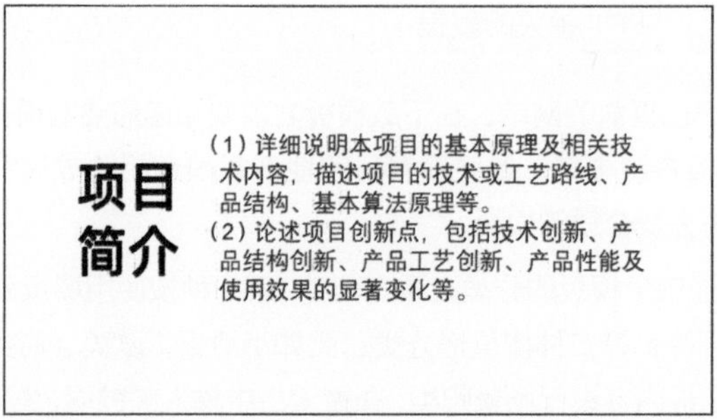

图 6-3

（2）浏览下载的模板，除封面、目录、过渡页、结尾页必选外，从众多内容页中挑出几页，分别为排版简约适合大段文字的、着重展示图片的、图文结合的、符合实际需求的图表页，剩下的可以删掉或留一两张备用，如图 6-4 所示。

（3）将整理的文字和图片按页面顺序替换到模板中，页面可重复利用，如图 6-5 所示。

图 6-4

图 6-5

（4）如果模板的字体是 PPT 中已有的，那么可以进行文本对齐、字号统一等细节调整；如果模板的字体在应用后丢失，那么可以在系统自带的字体里找一款相似的，追求设计感的读者可参考第 3.4 节讲的方法使用自己喜欢的字体。本案例套用模板的最终效果如图 6-6 所示。

图 6-6

注意：下载模板就是为了节省设计和排版的时间，所以不要强行对不合适的页面进行修改，这样只会浪费精力和时间。一般的工作场景对 PPT 的内容本身更加看重，所以即使多页使用一个版面，只要干净整洁就不会有太大问题。

另外，如果企业本身有模板，建议大多情况下不要"另辟蹊径"找其他模板，使用企业模板不仅更省时间，还可以不断深入了解企业的文化。如果觉得有美化的空间，可待制作模板的经验增加后适当修改。

6.1.4 物尽其用，提取模板中的可用元素

读者下载一个模板很可能是喜欢其风格，风格是由各种元素堆砌出来的视觉效果，如果能够提取模板中的元素，那么不仅方便在本套模板中进行页面调整，还可以当作个人的素材来积累。

PPT 中的可用元素可分为两类：图形和图标。

打开模板后有两种情况。一种情况是可以对页面上的元素进行移动，保存它们的方法是右击元素后，在弹出的快捷菜单中选择【另存为】选项，如图 6-7 所示。在打开的对话框中进行适当的命名和分类即可保存。

另一种情况是需要的元素在页面上不能被选中，也无法移动，说明这些元素存在于母版或版式中，需要到版式页面中进行提取。单击【视图】选项卡中的【幻灯片母版】按钮，在左侧列表中找到目标页面，右击页面上的元素，在弹出的快捷菜单中选择【另存为】选项即可保存，如图 6-8 所示。

图 6-7

图 6-8

对母版和版式的相关介绍可参考第 6.3.3 节。

6.2　PPT 内置的模板竟然也如此好用

6.2.1　海量幻灯片模板其实就藏在这个内置功能中

在第 6.1.2 节中介绍了几个优质模板网站，其实在 Microsoft 365 版本中也藏着大量内置幻灯片模板，在新建幻灯片时，可直接按照使用场景搜索关键词，比如"年终总结"，就能直接搜索到对应的模板，这些模板其实就是OfficePLUS 网站上的资源，如图 6-9 所示。

图 6-9

6.2.2　点亮设计灵感，享受 PPT 的"全自动"服务

当向 PPT 页面中插入一张图片时，会自动打开一个面板，叫作【设计理念】，位于界面右侧，如图 6-10 所示。它是 Microsoft 365 版本所特有的。

图 6-10

如果没有自动打开【设计理念】面板，可单击【设计】选项卡中的【设计灵感】按钮，如图 6-11 所示。

图 6-11

利用【设计理念】功能可以做一些简单的图文排版，直接在文本框中输入想要的元素内容，不到 1 分钟即可制作完成一张 PPT 页面，如图 6-12 所示。

图 6-12

6.3　从零到一，设计一套模板

6.3.1　了解模板的结构和风格定位

PPT 最本质的功能是演示，一场完整的演示从演讲者的语言组织角度来说需要有一个很清晰的逻辑。因此，根据这个逻辑，模板的结构是相对固定的，分为5 大部分，即封面页、目录页、过渡页、内容页和结束页。下面简单讲解一下各部分的作用。

封面页：具有开场提示的作用，如图 6-13 所示。

图 6-13

目录页：对演讲内容进行分区和概括，如图 6-14 所示。

图 6-14

过渡页：作为目录页中重点内容之间的转场，起到提示和衔接的作用，如图 6-15 所示。

图 6-15

内容页：对主要内容按照其适宜的形式进行展示，如图 6-16 所示。

图 6-16

结束页：起到中断或推进下一事件流程的作用，如图 6-17 所示。

图 6-17

一般情况下，这 5 部分的出现顺序如图 6-18 所示。

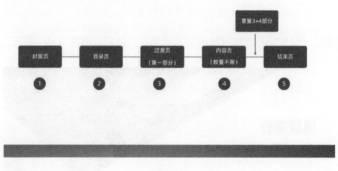

图 6-18

读者在做模板时要根据这 5 部分来准备，每种页面的设计规范和主要内容不同，如表 6-2 所示。

表 6-2

名称	主要内容	设计规范
封面页	演讲主题、演讲者信息、时间	以设计字体为主，内容简捷、有重点
目录页	演讲内容各部分的重点、序号	信息内容简捷，板块不宜过多
过渡页	序号、各部分重点	序号突出，信息内容简捷
内容页	图片、文字、表格、图表等	版式可多变，为内容服务
结束页	结束语	信息内容简洁

了解了模板的结构之后，下面讲解模板的各种风格。目前模板网站对风格的分类趋于多样化、精细化，依据主流网站的分类，笔者总结了不同风格的特点和适用场景，如表 6-3 所示。

表 6-3

风格	特点	适用场景
商务风	色块较多，图片多为城市风景或建筑	工作各类汇报
欧美风		不限
科技风	颜色多为深色，与光、电有关的素材居多	有关科技内容的演示
小清新风	版式自由灵动，色彩饱和度低	不限
党政风	元素和颜色比较固定	有关党政题材或机关单位汇报
极简风	几何形状素材为主，留白较多	不限
中国风	中国元素丰富，复古	古风题材的演示
卡通风	素材低龄化、色彩鲜艳	大多跟儿童主题有关

图 6-19 是欧美风的模板案例。

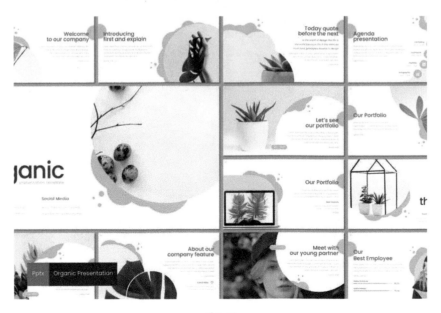

图 6-19

图 6-20 是商务风的模板案例。

图 6-20

图 6-21 是科技风的模板案例。

图 6-21

图 6-22 是小清新风的模板案例。

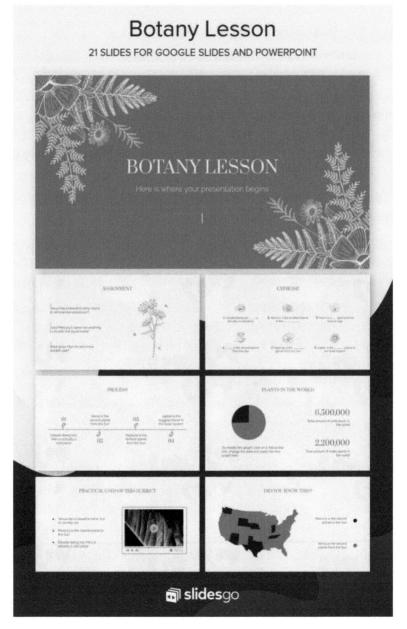

图 6-22

在这么多的种类中，适合在工作场景中使用的风格为商务风、欧美风，因为商务感突出，既不会显得不够正式，也不会过于死板。

6.3.2 一个模板中哪些页面是核心的

在一套模板中，核心的页面是封面页、目录页和结束页。判断是否为核心的标准是什么？在浏览模板时，读者可能会发现一个规律，除众多的内容页外，其余页面的大致结构是很像的，比如结束页就是在封面页的基础上进行文字内容的调整；过渡页是目录页的部分放大，彼此相同或只是元素位置进行了调整。按照一套模板 15 页来计算，做好了封面页、目录页、过渡页和结束页就完成了差不多 1/3 的工作。所以，这些能代表模板风格、最好延伸的页面就是核心页面。

另外，核心页面的信息量和内容类型也都相对固定，如果要将模板套用到不同的主题上，那么这几页也是最好变化的。

内容页本身形式多样，在工作场景中，不同项目需要介绍的信息不同，有的需要展示大量图片，有的需要添加大量文字，还有的需要插入很多类型的图表来复盘，一套模板无法保证内容页的全部适配。

因此，新手在制作模板的过程中，可以先根据主题和风格设计好封面，延伸到结束页，然后根据设计好的目录页延伸到过渡页，就可以基本将框架确定了，最后依照大纲的划分对内容页进行逐个填充和修饰就可以了。

6.3.3 利用母版做方便好用的 PPT 模板

从网站下载模板固然方便，但在找不到合适的模板时，就要自己制作模板了。

什么内容适合自己做模板？

回想工作或学习场景中，什么内容是需要反复、定点汇报的？例如，研究生需要 1 周或 1 月进行一次试验进展汇报；创业型企业为了及时把控项目进展，可能会按周、月度、季度的频率要求员工进行汇报。能将重复的工作简化就是提高效率的表现，建议将需要反复汇报的内容找一个最典型、内容最全的案例作为模板的内容来源。

为了让模板整体有系列感，也为了提升设计效率，需要找两类素材重复应用在页面上，一般选择工作图和 Logo。工作图需要高清图片，内容可以是企业环境、工作照、活动照等。Logo 需要 .png 格式的图片，方便更改颜色。没有工作图可以找城市风景图来代替，没有 Logo 可以用工作型图标代替，如图 6-23 所示。

图 C-23

有了内容和基本素材，接下来就可以进行结构设计了。

有两种结构十分常用，那就是全图型和半图型。全图型即用图片作为整个页面的背景。半图型即图片非全铺，剩下的页面可用色块来装饰或留白。这两种结构适用于大多数页面，可当作基本的设计思路，如图 6-24 和图 6-25 所示。

图 6-24　　　　　　　　　　　　　图 6-25

封面页和结束页：采用全图型或半图型打底，文字选择左对齐、居中、右对齐。为了保持和谐，需要注意两点：第一，色块颜色选取 Logo 色或企业主题色；第二，图片的色调要与主题色所属一个色系或相近。结束页在封面页的基础上进行文字的替换即可，如图 6-26 和图 6-27 所示。

图 6-26

图 6-27

目录页和过渡页：目录页采用全图型或半图型打底，文字成段排列于页面右侧或下方。过渡页在目录页的基础上将涉及的文字内容的字号放大或单列，起到强调的效果，如图 6-28 所示。

图 6-28

内容页：内容页大致分为图文结合页和图表页。为了兼顾实用性和美感，建议图文结合页采用 T 字排布法，将图片和文字左右排布，图片高度略大于文字框高度，整体如横置的"T"字，如图 6-29 所示。这里的图片可替换成图表或任意素材，若不需要文字说明，将图片整体居中即可。

图 6-29

内容页若只摆横置的"T"型内容未免有些单调，需要加一个专属的装饰性框架，这个框架就要用母版来制作了。

母版是什么？打开【视图】选项卡，单击【幻灯片母版】按钮，进入视图编辑区。"母版 + 版式"是在幻灯片中用来设置页面的一种结构。母版有一个，位于最上方；版式有很多个，位于母版下方，如图 6-30 所示。

图 6-30

母版页面可控制其下方版式页面的内容，如果在母版页面上放置一个素材，则下方所有的版式页面上都会显示该素材，如图 6-31 所示。

图 6-31

版式页面除受母版页面"控制"外，还可以有自己的内容，版式页面数量可随意添加、删除及重命名，如图 6-32 和图 6-33 所示。

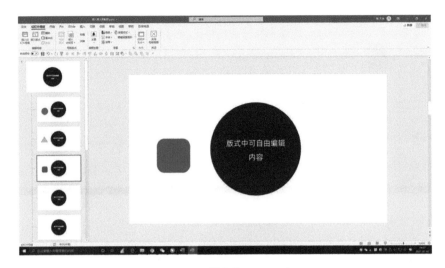

图 6-32

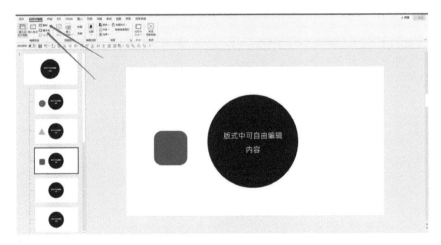

图 6-33

模板中的众多内容页其实就是一个个不同的版式页面，在新建页面时，右击后在弹出的快捷菜单中选择【标题和内容页】版式，就可重复利用喜欢的页面，如图 6-34 所示。

图 6-34

内容页的装饰性框架可直接在版式上制作，推荐"四边装饰法"，在页面上、下、左、右 4 条边中选择 1~2 条边进行装饰，多采用色块、Logo、文字、页码等元素，不同的组合会产生不同的效果，如图 6-35~ 图 6-38 所示。按需求排布好后，如图 6-39 所示，退出幻灯片母版视图即可。

图 6-35

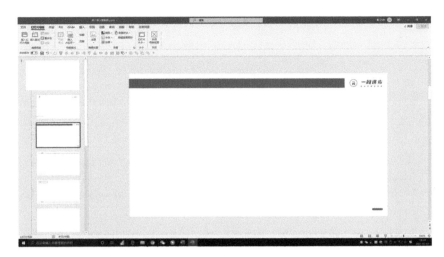

图 6-36

图 6-37

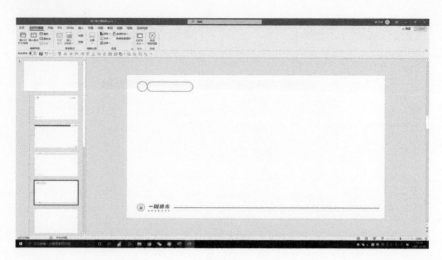

图 6-38

文字放这里
Write your title here

Lorem ipsum dolor sit amet, consectetuer adipiscing elit. Maecenas porttitor congue massa. Fusce posuere, magna sed pulvinar ultricies, purus lectus malesuada libero, sit amet commodo magna eros quis urna.

Nunc viverra imperdiet enim. Fusce est. Vivamus a tellus. Pellentesque habitant morbi tristique senectus et netus et malesuada fames ac turpis egestas. Proin pharetra nonummy pede. Mauris et orci.

授人以鱼不如授人以渔

图 6-39

至此，一套非常实用的模板就制作完成了，如图 6-40 和图 4-41 所示。

图 6-40

图 6-41

6.4 你的 PPT 到底是做给谁看的

6.4.1 做 PPT 的，永远不如讲 PPT 的吗

做 PPT 的，永远不如讲 PPT 的。其实还有后半句，即讲 PPT 的，永远不如听 PPT 的。

这些话要放在一个场景里去理解。PPT 并不是一个需求的出发点，其只存在于一场演讲中，充当展示的角色。演讲的完整组成部分是放映端、演讲者和观众。那么演讲的中心是谁？一般会误以为是演讲者，因为他神采奕奕、把控全场，偶尔还会获得掌声。但谁最有权力来评价一场演讲是否成功？其实是观众。很多获赞的经典场面都是演讲者抓住了观众的注意力，并成功地把观点植入了他们的内心。一份 PPT 在演讲者这里还无法完成任务，他的最终指向是观众。

所以，做 PPT 的核心要求是一切为了观众。

6.4.2　演示成功的第一步：精准定位受众

有了一切为了观众这个概念是不够的，还要对受众进行分类，以便把握不同场景中的演讲要点。

观众为什么坐在这里？想要听到什么？可以将其作为分类依据。生活中的演讲场景可大致分为分享型、成果型、合作型、计划型和综合型 5 种。

分享型演讲如部门分享、读书分享、工作方法分享等。观看这类演讲的观众注意力在"我能学到什么"上，演讲关键要向可以复制的经验上靠拢，让观众学有所获。

成果型演讲如项目总结、毕业答辩等。观看这类演讲的观众想知道"你产出了什么"，演讲关键要在符合目标产出的部分进行介绍和分析。

合作型演讲如商业竞标、部门间项目合作等。观看这类演讲的观众急于了解"我能做什么、我能得到什么"，演讲关键是分工和共同目标。

计划型演讲如新年计划、月度计划、直播计划等。观看这类演讲的观众除想知道怎么做外，也在乎成本和风险。

综合型演讲如年终总结、转正汇报等。这类演讲包含上述某几种主题，需要将不同主题按照一定的逻辑串联展示。

把握了受众的需求就是成功的第一步，那么，怎样将关键主题更好地展示出来呢？

6.4.3　充分考虑用途和场合，为 PPT 设计"排雷"

思考如何将关键主题更好地展示出来，不如思考怎样吸引观众的注意力。这就需要演讲者和 PPT 同样优秀。

演讲者负责观众"听"的工作，PPT 负责观众"看"的工作，有 3 条经验希望能帮助读者。

第一，PPT 的逻辑要清晰。第二，PPT 中的文字要少。第三，PPT 要设计得美观。

为什么 PPT 的逻辑要清晰？因为 PPT 的逻辑就代表了演讲者的逻辑。逻辑简单、清晰能给观众减负，即使观众偶尔走神，再回过神来也能快速抓住重点，也更容易记住内容，能记住内容就是收获，使人有收获的事物就会被记得更牢。

为什么 PPT 中的文字要少？因为观众喜欢做判断题和选择题，不喜欢做长篇大论的阅读题，文字少本身还能引发观众的好奇，再结合演讲者的互动技巧，整场演说效果不会很差。

为什么 PPT 要设计得美观？因为观众有美学需求。观众在接收信息时有很多阻力，比如光线、噪音、气味等。一个观感舒适的页面能在一定程度上减少视觉不适产生的阻力，优秀的作品甚至能加倍吸引观众的眼球，起到抵消其他阻力的作用。这里不是让读者都做出绝美的设计，而是从这一刻开始，逐渐提升 PPT 制作的基本技能和审美水平，在演示这条路上，让 PPT 成为加分项而不是减分项。

第7章

工具篇：PPT 达人的包里，永远不止这一个工具

7.1　Piti：新时代的"人工智能"PPT

Piti 是"一周进步"团队在 2018 年开发的一款 PPT 插件，它可以算是 PPT 插件市场的一股清流。读者可登录 Piti 官网进行免费下载，如图 7-1 所示。

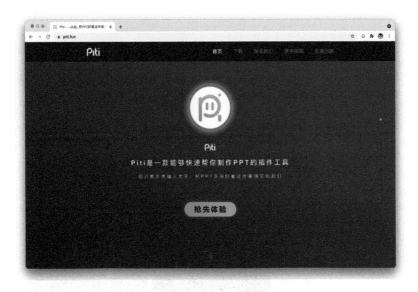

图 7-1

Piti 支持 Office 2013、Office 2016、Office 2019 及 Microsoft 365。下载 Piti 安装包后，双击即可安装。安装 Piti 后打开 PPT，就会出现 Piti 选项卡，如图 7-2 所示。

图 7-2

下面为读者推荐几个 Piti 中非常好用的功能。

7.1.1　美丽的艺术字

艺术字本身是 PPT 中非常好用的功能，但很多人觉得设计落伍，使用起来有一种浓浓的年代感，如图 7-3 所示。

图 7-3

Piti 联合国内顶级的 PPT 设计师，推出了 15 种不同风格的中文字体艺术字形，如图 7-4 所示。

图 7-4

抖音字、金属字、逆光字、立体字等流行的字体效果都可以一键生成。

在 PPT 中创建艺术字的操作步骤如下。

（1）在 PPT 页面中插入一个文本框，输入目标文字，如图 7-5 所示。

完美男人

图 7-5

（2）在【Piti】选项卡中单击【美丽艺术字】下拉按钮，在弹出的下拉列表中选择一个艺术字风格，如图 7-6 所示。

图 7-6

艺术字体即可瞬间生成，如图 7-7 所示。

图 7-7

艺术字体在兼具创意与美观的同时，保证了字体的可修改性，操作简便。

★ **小技巧**

可以通过【艺术字设置】对话框来改变字号大小，以及选择是否需要背景图形，如图 7-8 所示。

图 7-8

7.1.2　PPT 智能生成

【PPT 智能生成】是 Piti 的主打功能，可以一键生成想要的任何页面。在【Piti】选项卡中单击【PPT 智能生成】按钮，打开【PPT 智能生成】界面，如图 7-9 所示。

图 7-9

【PPT 智能生成】功能把 PPT 的结构分成 5 部分：封面、目录页、过渡页、内文和结尾，如图 7-10 所示。

针对不同页面的结构和段落，Piti 有不同类型的 PPT 模板与之对应，以封面为例，生成封面的操作步骤如下。

（1）在页面结构下拉列表框中选择目标页面"封面"，在文本框中输入需要展示的文字，如图 7-11 所示。

图 7-10　　　　　　　　　　　　　图 7-11

（2）选择喜欢的模板，单击即可自动生成页面，如图 7-12 所示。

图 7-12

单击【预览】按钮，可预览幻灯片页面，如图 7-13 所示。

【PPT 智能生成】模板库中有 5 种不同风格、共 2000 多张新的 PPT 页面。

图 7-13

7.1.3 云图库

经常做 PPT 的读者可能都遇到过找不到合适图片的情况。

对于 PPT 设计来说，图片是必不可少的素材，甚至很多情况下图片素材的质量直接影响 PPT 设计的质量。优质的图片一般有以下几个特点。

1. 高清

搜索出来的图片普遍清晰度不高，将其放大更加模糊，与文字结合效果不佳，所以一定要找高清图片。

2. 无版权、可商用

使用百度、搜狗等常用搜索引擎搜索出来的图片往往带有版权，不经授权就直接使用会导致侵权，在 PPT 中使用图片需遵循 CC0 协议，如图 7-14 所示。

图 7-14

有些网站上的图片虽然不涉及版权可免费使用，但数量稀少；有些网站的图库非常大，但服务器位于国外，打开速度非常慢且不支持中文检索；有些网站可能图库很大且打开速度也很快，但图片却不可免费商用。

总之，有途径找到图，但用起来不顺手，如图 7-15 所示。

图 7-15

Piti 的【云图库】功能非常贴心。单击【Piti】选项卡，再单击【云图库】按钮，在打开的【云图库】界面中能够同时搜索十几个高清、无版权的图片库，如 unsplash、pexels、mystock。如图 7-16~ 图 7-18 所示。

图 7-16

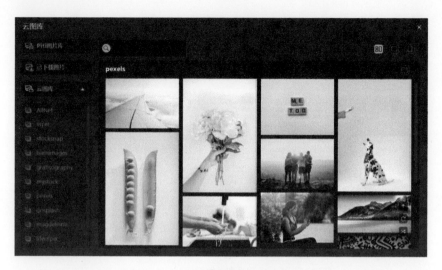

图 7-17

图 7-18

目前，【云图库】汇集了 11 个免费可商用的图片库，相当于可以一次性检索 480 万个海量免费高清图源。同时，【云图库】支持中文搜索，非常便捷，如图 7-19 所示。

图 7-19

看到合适的图片后，单击图片上的加号按钮，就能够直接将图片插到 PPT 页面中，也可将图片粘贴到微信、QQ 或其他办公软件中，如图 7-20 所示。

图 7-20

7.1.4 火箭搜图

有时我们对图片的质量要求不高，如突发热点事件的图片，高质量的图库网站往往来不及更新，搜索这类图片的步骤很烦琐：最小化 PPT；打开浏览器；打开不同的搜索引擎，输入关键词进行查找；找到后另存到桌面；最小化浏览器窗口并打开 PPT 窗口，从桌面上把图片插到 PPT 页面中，效率很低。

【火箭搜图】功能能够完美解决这类问题。

简单来说，【火箭搜图】功能是一个在不需要打开浏览器的情况下，能够迅速找到并且插入图片的功能。

单击【Piti】选项卡中的【火箭搜图】按钮，打开【搜索配置】对话框，在该对话框中可调整搜索配置选项，如图 7-21 所示。

图 7-21

Piti 提供了 4 种图源、3 种尺寸、3 种图片格式，能同时搜索并插入最多 30 张图片。

1. 快速插入 Logo

在做 PPT 时，有时需要插入客户品牌的 Logo，例如招商银行的 Logo，其操作步骤如下。

（1）打开【搜索配置】对话框，【配置尺寸】选择【中尺寸】单选按钮，将【插入图片数量】设置为 1。

（2）在页面中新建一个文本框，并在文本框中输入【招商银行 Logo】，在文本框上右击，在弹出的快捷菜单中选择【火箭搜图】选项，如图 7-22 所示。

（3）招商银行的 Logo 即可插到 PPT 页面中，如图 7-23 所示。

图 7-22

招商银行 Logo

图 7-23

2. 快速插入透明底图素材

在【火箭搜图】功能的【搜索配置】对话框中，将【图片类型】设置为【透明底图】，如图 7-24 所示，即可快速搜索并插入透明底图素材。

图 7-24

3. 快速制作多种美观的全图展示页面

如果想做一个故宫图片展示的PPT，可以先按照要求设置好图源：【配置尺寸】为【小尺寸】、【图片类型】为【普通】、【插入图片数量】为 20 张，如图 7-25 所示。

图 7-25

在页面中新建一个文本框，并在文本框中输入【故宫摄影】，在文本框上右击，在弹出的快捷菜单中选择【火箭搜图】选项，可以快速得到 20 张图片，同时【设计理念】窗格会自动弹出来，如图 7-26 所示。

图 7-26

删掉一些质量不好的图片，最终筛选出 6 张图片，如图 7-27 所示。

图 7-27

使用【设计理念】功能，PPT 可以根据插入的图片自动生成版面，种类多样，如图 7-28~ 图 7-34所示。

图 7-28

图 7-29

图 7-30   图 7-31

图 7-32   图 7-33

图 7-34

以上是 Piti 的主要功能介绍。

因为这个插件属于公益作品，毫无利润，所以导致无人力维护，如果在使用中出现了兼容性问题，还望读者多多包涵。

如果读者喜欢这个产品，可在微信公众号"一周进步"中进行反馈，期待某天会恢复更新。

7.2 iSlide：PPT 设计界的"瑞士军刀"

iSlide 是目前知名度最高的商用 PPT 插件之一。iSlide 上有很多高质量且免费的 PPT 模板、高清图片和图标等素材，如图 7-35 所示。

图 7-35

iSlide 兼容性很广，目前兼容 macOS 及 Windows 系统，同时兼容 Office 2010、Office 2013、Office 2016、Microsoft 365 及 WPS，几乎涵盖所有版本。

将 iSlide 下载并安装完毕之后，PPT 中会出现【iSlide】选项卡，如图 7-36 所示。

图 7-36

iSlide 内置了很多非常好用的功能，如高质量的 PPT 模板库和 PPT 主题库，如图 7-37 所示。

图 7-37

同时，iSlide 也有非常完整的图片、图标、图示等高质量素材，如图 7-38 所示。

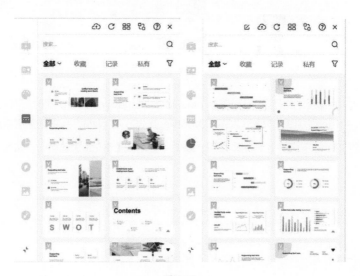

图 7-38

iSlide 的高质量素材需要开通会员才能下载，免费使用的素材较少。

7.2.1　图表库

在【iSlide】选项卡中，单击【图表库】按钮，可以在打开的图表库中看到很多兼具设计和创意的 PPT 图表，如图 7-39 所示。

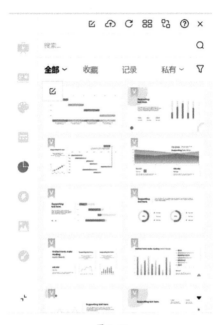

图 7-39

在 PPT 中插入 iSlide 图表的操作步骤如下。

（1）在图表库中选择一个图表并插到 PPT 页面中，如图 7-40 所示。

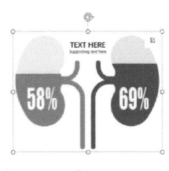

图 7-40

（2）单击图表右上角的【编辑】按钮，如图 7-41 所示，打开【智能图表编辑器】对话框，如图 7-42所示。

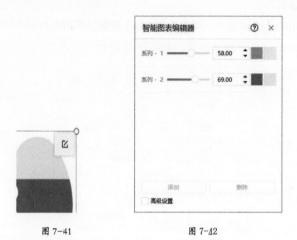

图 7-41　　　　　　　　　　　图 7-42

（3）通过调整进度条或输入对应的数值来调整图表的大小，如图 7-43 所示。也可以修改图表的颜色，如图 7-44 所示。

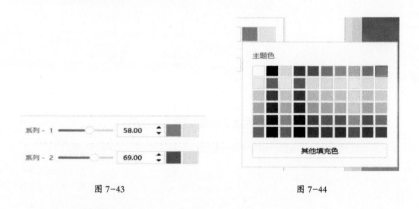

图 7-43　　　　　　　　　　　图 7-44

7.2.2　环形布局功能

因为人的手和眼睛的微操作能力有限，所以在绘图时最多控制 3~5 种图形，一旦数量增加，就会出现眼花缭乱的情况。

iSlide 可以帮助用户用程序控制多个图形，从而实现多种美观的效果。

在【iSlide】选项卡中，单击【设计排版】下拉按钮，在打开的下拉列表中选择【环形布局】选项，如图 7-45 所示。

　　打开【环形布局】对话框，可以通过控制元素的角度来生成多个元素，如图 7-46 所示。

图 7-45　　　　　　　　　　图 7-46

　　下面以绘制一个 PPT 封面为例，讲解环形布局的使用方法。

　　（1）在页面中绘制一个正圆，并为其填充渐变颜色，如图 7-47 所示。

　　（2）在【iSlide】选项卡中单击【设计排版】下拉按钮，在打开的下拉列表中选择【环形布局】选项，打开【环形布局】对话框，将【数量】数值调整至 50 以上，如图 7-48 所示。

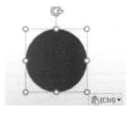

图 7-47

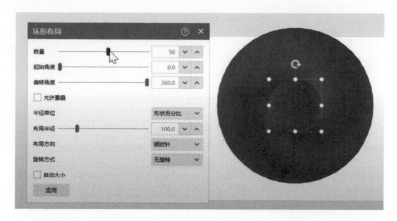

图 7-48

（3）调整【环形布局】对话框中的【起始角度】、【偏移角度】和【布局半径】，从而控制生成的形状的大小和方向，生成一个可爱的弧形胶囊形状，如图 7-49 所示。

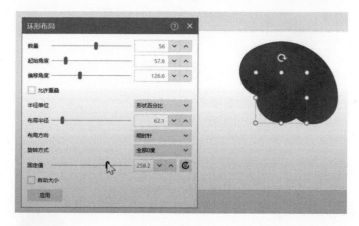

图 7-49

（4）为页面设置同样的渐变背景，再输入文字，就能得到酷炫的 PPT 封面了，如图 7-50 所示。

同理，基于环形布局也能生成一系列迷幻图谱，操作步骤如下。

（1）绘制一个中间为透明、周围是蓝色和红色的渐变圆环，如图 7-51 所示。

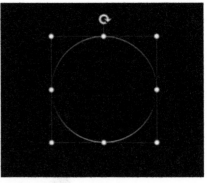

图 7-50　　　　　　　　　　　　　　　图 7-51

（2）单击【iSlide】选项卡中的【设计排版】下拉按钮，在打开的下拉列表中选择【环形布局】选项，打开【环形布局】对话框，将【数量】调整到 84，然后调整【起始角度】，再将【布局半径】的数值调小，并将【旋转方式】设置为【自动旋转】，如图 7-52 所示。

图 7-52

（3）这样就得到了一个非常漂亮的迷幻图谱效果，如图 7-53 所示。全选该图形，配上一个动画，即可轻松做出一个让人着迷的动画。

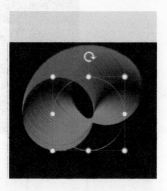

图 7-53

更为奇妙的是，任何形状都能配上环形布局的操作，如图 7-54 所示。

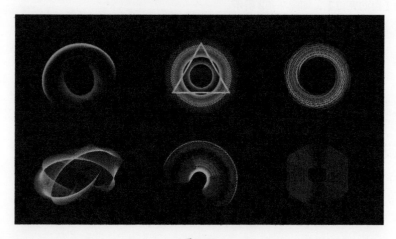

图 7-54

7.2.3　矩阵排列

当 PPT 页面中需要进行多图排版时，一般要对图片进行统一裁剪，然后摆放，如图 7-55 和图 7-56 所示。

图 7-[[

图 7-56

直接用 PPT 的裁剪工具和排版工具进行操作效率非常低，相比之下，使用 iSlide 插件的【矩阵排列】功能就非常高效了。

例如，需要将 8 张大小不一的图片（如图 7-57 所示）在页面中排列整齐，操作步骤如下。

图 7-57

（1）选择所有图片，单击【iSlide】选项卡中的【设计排版】下拉按钮，在打开的下拉列表中选择【剪裁图片】选项，如图 7-58 所示。

打开【裁剪图片】对话框，设置【图片高度】和【图片宽度】都为 200，如图 7-59 所示。单击【裁剪】按钮即可快速完成裁剪，如图 7-60 所示。

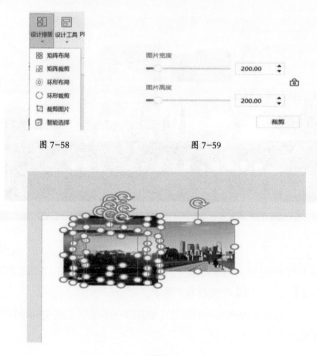

图 7-58　　　　　　　图 7-59

图 7-60

（2）选择所有图片，单击【iSlide】选项卡中的【设计排版】下拉按钮，在打开的下拉列表中选择【矩阵布局】选项，打开【矩阵布局】对话框，如图 7-61 所示。

图 7-61

将【横向数量】设置为 4，可将图片排列成一个 4×2 的矩阵，如图 7-62 所示。

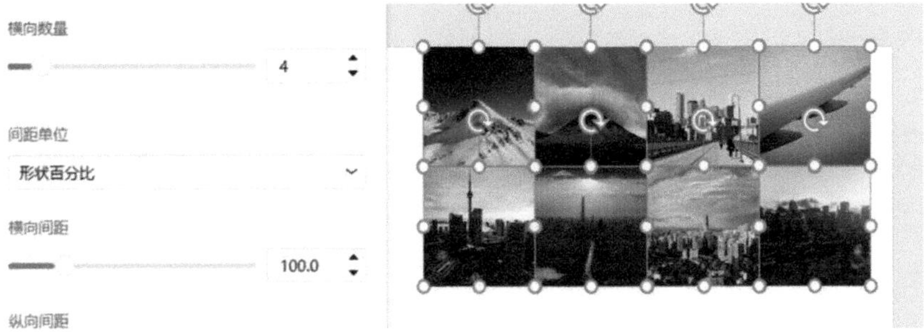

图 7-62

若想让图片之间有些间距，可以适当调整【横向间距】与【竖向间距】，如图 7-63 所示。

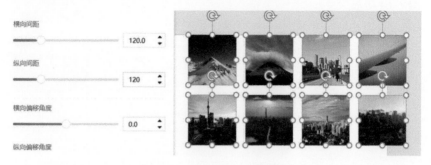

图 7-63

排列好的效果如图 7-64 所示。

图 7-64

以上为 iSlide 的特色功能，推荐感兴趣的读者学习和使用。